普通高等教育"十二五"规划教材

概率论与数理统计简明教程辅导练习册

主 编 左 东
参 编 马丽琼 薛玉娟 马 骁

机械工业出版社
CHINA MACHINE PRESS

本书是《概率论与数理统计简明教程》配套的辅导练习册,每章分为基本知识点、基本要求、典型例题分析和作业四个部分,最后还附有三套模拟试题,便于学生课后练习和期末自测。

图书在版编目(CIP)数据

概率论与数理统计简明教程辅导练习册/左东主编. —北京:
机械工业出版社,2014.8(2016.1重印)
ISBN 978-7-111-47506-4

Ⅰ.①概… Ⅱ.①左… Ⅲ.①概率论—高等学校—习题集
②数理统计-高等学校-习题集 Ⅳ.①O21-44

中国版本图书馆 CIP 数据核字(2014)第 169972 号

机械工业出版社(北京市百万庄大街 22 号 邮政编码 100037)
策划编辑:舒 雯   责任缉辑:舒 雯
责任印制:李 洋   责任校对:张 征   封面设计:张 静
涿州市京南印刷厂印刷
2016 年 1 月第 1 版第 2 次印刷
184mm×260mm·5.5 印张·129 千字
3501—6000 册
标准书号:ISBN 978-7-111-47506-4

定价:14.00 元

前　言

　　概率论与数理统计已经发展成为一门具有广泛应用的学科,成为各高等院校理工科以及金融、医药、管理等各专业学生的必修课程。

　　本书是专门为高等院校的理工科学生编写的《概率论与数理统计简明教程》配套的练习册,每章分为基本知识点、基本要求、典型例题分析和作业四个部分 ,最后还附有三套模拟试题,便于学生课后练习和期末自测。

　　本书的编写还参照了全国硕士研究生入学考试数学考试大纲,内容覆盖了大纲的所有要求,可以作为研究生入学考试的复习习题册。

　　作为主审,徐昌贵副教授和熊学副教授仔细审阅了全书初稿,并提出了许多宝贵的修改意见。

　　本书的编写得到了西南交通大学峨眉校区教材建设项目的资助,得到了西南交通大学峨眉校区教务处的大力支持和帮助。在编写过程中,还一直得到了数学教研室全体同仁的关心、鼓励和帮助,在此我们一并表示由衷的感谢!

　　在本书的编写过程中,我们参阅了许多专著和教材,并采用了其中的部分内容、例题与习题,也在此表示感谢。

　　由于编者水平有限,书中难免出现疏漏和不当之处,恳请读者批评指正。

编者

2014 年 3 月于峨眉

目　　录

第1章　随机事件及其概率

1.1 基本知识点

1. 事件的关系与运算

(1) 三种运算

①积事件：$A \cap B$；②和事件：$A \cup B$；③差事件：$A - B = A\overline{B}$。

(2) 三种关系

①包含关系：$A \subset B$；②互斥关系：$AB = \varnothing$；③对立关系：$A + B = \Omega$。

(3) 运算规则

①$\overline{\overline{A}} = A, A\overline{A} = \varnothing, A + \overline{A} = \Omega$。

②交换律：$A \cup B = B \cup A, A \cap B = B \cap A$。

③结合律：$(A \cup B) \cup C = A \cup (B \cup C), (A \cap B) \cap C = A \cap (B \cap C)$。

④分配律：$A \cap (\bigcup\limits_{i=1}^{n} B_i) = \bigcup\limits_{i=1}^{n} AB_i, \ A \cup (\bigcap\limits_{i=1}^{n} B_i) = \bigcap\limits_{i=1}^{n} (A \cup B_i)$。

⑤对偶律：$\overline{\bigcup\limits_{i=1}^{n} A_i} = \bigcap\limits_{i=1}^{n} \overline{A_i}, \ \overline{\bigcap\limits_{i=1}^{n} A_i} = \bigcup\limits_{i=1}^{n} \overline{A_i}$。

2. 古典概型

设随机试验的样本空间 Ω 含有样本点的个数为 N 个，且每个样本点发生的机会均等，事件 A 所含的样本点数为 M，则随机事件 A 发生的概率为

$$P(A) = \frac{A \text{ 所含样本点数}}{\Omega \text{ 所含样本点总数}} = \frac{M}{N}$$

3. 几何概型

设随机试验的样本空间 Ω 含有样本点的个数为不可数无穷多，其几何度量为 $\mu(\Omega)$，且每个样本点发生的机会均等，事件 A 的几何度量为 $\mu(A)$，则随机事件 A 发生的概率为

$$P(A) = \frac{A \text{ 的几何度量}}{\Omega \text{ 的几何度量}} = \frac{\mu(A)}{\mu(\Omega)}$$

4. 加法公式

对于 n 个事件 $A_1, A_2, \cdots, A_n$,

$$P(A_1 \cup A_2 \cup \cdots \cup A_n) = \sum_{i=1}^{n} P(A_i) - \sum_{1 \leqslant i < j \leqslant n} P(A_i A_j)$$
$$+ \sum_{1 \leqslant i < j < k \leqslant n} P(A_i A_j A_k) - \cdots + (-1)^{n-1} P(A_1 A_2 \cdots A_n)$$

若 $A_1, A_2, \cdots, A_n$ 互不相容，则

$$P(A_1 + A_2 + \cdots + A_n) = P(A_1) + P(A_2) + \cdots + P(A_n)$$

5. 条件概率

$$P(A\mid B)=\frac{P(AB)}{P(B)} \quad P(B\mid A)=\frac{P(AB)}{P(A)}$$

6. 乘法公式

$$P(AB)=P(A)P(B\mid A)=P(B)P(A\mid B)$$

$$P(A_1A_2\cdots A_n)=P(A_1)P(A_2\mid A_1)P(A_3\mid A_1A_2)\cdots P(A_n\mid A_1A_2\cdots A_{n-1})$$

7. 全概率公式

设 $B_1,B_2,\cdots,B_n$ 构成一个互不相容的完备事件组，A 是样本空间的一个子集，则

$$P(A)=\sum_{i=1}^{n}P(B_i)P(A\mid B_i)$$

8. 贝叶斯公式

设 $B_1,B_2,\cdots,B_n$ 构成一个互不相容的完备事件组，A 是样本空间的一个子集，则

$$P(B_k\mid A)=\frac{P(B_k)P(A\mid B_k)}{\sum\limits_{i=1}^{n}P(B_i)P(A\mid B_i)}(k=1,2,\cdots,n)$$

9. 独立性

若 $P(A)>0$ 且 $P(B)>0$，则

事件 A 与事件 B 相互独立 $\Leftrightarrow P(AB)=P(A)P(B)\Leftrightarrow P(A\mid B)=P(A)\Leftrightarrow P(B\mid A)=P(B)$

10. 二项分布

若在 n 重伯努利试验中事件 A 发生的概率为 $p(0<p<1)$，则在 n 次试验中事件 A 恰发生 m 次的概率为

$$P_n(m)=C_n^m p^m q^{n-m} \qquad m=0,1,\cdots,n$$

其中 $q=1-p$。

1.2 基本要求

1) 理解随机事件的概念，了解样本空间的概念，掌握事件之间的关系与运算。

2) 了解概率的定义，掌握概率的基本性质，并会应用这些性质进行概率的计算。

3) 理解条件概率的概念，掌握概率的加法公式、乘法公式、全概率公式和贝叶斯公式，以及用公式进行概率的计算。

4) 理解事件的独立性概念，掌握应用事件独立性进行概率计算，掌握二项分布及其相关计算。

1.3 典型例题分析

例 1（蒲丰(Buffon)问题）：平面上画着一些平行线，它们之间的距离都等于 a，向此平面投一长度为 $l(l<a)$ 的针，如图 1-1 所示，求此针与任一平行线相交的概率。

解：设 x 表示针的中点到最近的一条平行线的距离，φ 表

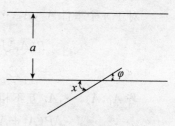

图 1-1 蒲丰问题

示针向上的方向与平行线正向(向右)的夹角,则

$$0 \leqslant x \leqslant \frac{a}{2}, 0 \leqslant \varphi \leqslant \pi$$

设事件 A 表示针与平行线相交,为使事件 A 发生,x 与 φ 必须满足:$x \leqslant \frac{l}{2} \sin\varphi$

因此,Ω 与 A 的关系如图 1-2 所示,由几何概型可得

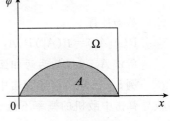

$$P(A) = \frac{\mu(A)}{\mu(\Omega)} = \frac{\int_0^{\pi} \frac{l}{2}\sin\varphi \mathrm{d}\varphi}{\frac{a}{2}\pi} = \frac{2l}{a\pi}.$$

图 1-2 Ω 与 A 的关系

例 2 设机械系一年级有 100 名学生,他们政治、高数、英语、物理四门课程得优等成绩的人数分别为 85,75,70,80。试证:这四门课成绩全优的学生至少有 10 人。

证:设事件 A,B,C,D 分别表示从这 100 名学生中任抽取一名学生,其政治、高数、英语、物理成绩为优等,则

$$P(A) = \frac{85}{100} \quad P(B) = \frac{75}{100} \quad P(C) = \frac{70}{100} \quad P(D) = \frac{80}{100}$$

由 $P(A \bigcup B) = P(A) + P(B) - P(AB)$ 知 $P(AB) = P(A) + P(B) - P(A \bigcup B)$

又由 $P(A \bigcup B) \leqslant 1$ 可得 $P(AB) \geqslant P(A) + P(B) - 1$

同理 $P(CD) \geqslant P(C) + P(D) - 1$,所以有

$$P(ABCD) \geqslant P(AB) + P(CD) - 1 \geqslant P(A) + P(B) + P(C) + P(D) - 3 = \frac{10}{100}$$

即这四门课成绩全优的学生至少有 10 人。

例 3 对事件 A,B,已知 $P(\bar{B}|\bar{A}) = \frac{3}{7}, P(\bar{A} \bigcup B) = 0.45, P(B) = 0.3$,求 $P(AB)$。

解答:$P(\bar{A} \bigcup B) = P(\bar{A}) + P(B) - P(\bar{A}B) = 0.45 \Rightarrow P(\bar{A}) - P(\bar{A}B) = 0.45 - 0.3 = 0.15$

$\Rightarrow P(\bar{A}\bar{B}) = 0.15$;而 $P(\bar{B}|\bar{A}) = \frac{P(\bar{A}\bar{B})}{P(\bar{A})} = \frac{3}{7} \Rightarrow P(\bar{A}) = \frac{7}{3}P(\bar{A}\bar{B}) = 0.35$,从而可得

$$P(\bar{A}B) = P(\bar{A}) - P(\bar{A}\bar{B}) = 0.35 - 0.15 = 0.2$$

所以

$$P(AB) = P(B) - P(\bar{A}B) = 0.3 - 0.2 = 0.1$$

例 4 将一枚硬币独立地掷两次,设事件 $A_1 = \{$第一次出现正面$\}$,$A_2 = \{$第二次出现正面$\}$,$A_3 = \{$正、反面各出现一次$\}$,$A_4 = \{$正面出现两次$\}$,则事件(   )

(A)A_1, A_2, A_3 相互独立   (B)A_2, A_3, A_4 相互独立

(C)A_1, A_2, A_3 两两独立   (D)A_2, A_3, A_4 两两独立

解:设 ω_{00} 表示第一次出现反面第二次出现反面,ω_{01} 表示第一次出现反面第二次出现正面,ω_{10} 表示第一次出现正面第二次出现反面,ω_{11} 表示第一次出现正面第二次出现正面。则样本空间为 $\Omega = \{\omega_{00}, \omega_{01}, \omega_{10}, \omega_{11}\}$,且 $P(\omega_{00}) = P(\omega_{01}) = P(\omega_{10}) = P(\omega_{11}) = \frac{1}{4}$。而

$$A_1 = \{\omega_{10}, \omega_{11}\} \quad A_2 = \{\omega_{01}, \omega_{11}\} \quad A_3 = \{\omega_{01}, \omega_{10}\} \quad A_4 = \{\omega_{11}\}$$

所以有

$$P(A_1) = P(A_2) = P(A_3) = \frac{1}{2}$$

从而可得

$$P(A_1 A_2) = P(A_1)P(A_2) \quad P(A_1 A_3) = P(A_1)P(A_3) \quad P(A_2 A_3) = P(A_2)P(A_3)$$

所以 A_1, A_2, A_3 两两相互独立,故选 C。

例 5 已知每枚导弹击中敌机的概率为 0.9,问需要发射多少枚导弹才能保证至少有一枚导弹击中敌机的概率不低于 0.999?

解:设需要发射 n 枚导弹,n 枚导弹中击中敌机的导弹为 m 枚,由于每枚导弹能否击中敌机是相互独立的,故 n 枚导弹中至少有一枚击中敌机的概率为

$$P(m \geqslant 1) = 1 - (m = 0) = 1 - C_n^0 0.9^0 0.1^n = 1 - 0.1^n$$

要使

$$P(m \geqslant 1) = 1 - 0.1^n \geqslant 0.999$$

即要使

$$0.1^n \leqslant 0.001$$

不等式两边取对数得

$$n \geqslant \frac{\ln 0.001}{\ln 0.1} = 3$$

所以最少需要发射 3 枚导弹才能保证至少有一枚导弹击中敌机的概率大于 0.999。

第1章 随机事件及其概率 作业1

1.已知 A,B,C 为三个随机事件,试用 A,B,C 表示下列事件:
  (1)A,B,C 都发生 _____ ; (2)A,B,C 都不发生 _____ ;
  (3)A,B,C 不都发生 _____ ; (4)A,B,C 至少发生一件 _____ ;
  (5)A,B,C 最多发生一件 _____ 。

2.已知样本空间为 $\Omega = \{x \mid 0 \leqslant x \leqslant 3\}$,记事件 $A = \{x \mid 1 < x \leqslant 2\}$,事件 $B = \{x \mid 1.5 \leqslant x < 2.5\}$,试写出下列事件:
  (1)$\overline{AB} =$ _____ ; (2)$A \bigcup \overline{B} =$ _____ ;
  (3)$\overline{AB} =$ _____ ; (4)$\overline{A \bigcup B} =$ _____ 。

3.袋子中装有6个白球和4个黑球,从中任取两球,求这两个球一个是白球一个是黑球的概率。

4.把三封不同的信件放到五个空着的信箱中去,求三封信件在不同信箱中的概率。

5.把长度为 a 的木棒任意折成两段,求它们的长度之差不超过 $\dfrac{a}{2}$ 的概率。

6. 甲乙两艘轮船驶向一个不能同时停泊两艘轮船的码头，它们在一昼夜内到达的时间是等可能的。如果甲船的停泊时间是一小时，乙船的停泊时间是两小时，求它们中任何一艘都不需要等候码头空出的概率。

7. 在 1～50 共 50 个数中任取一个数，求这个数能被 2 或 3 或 5 整除的概率。

8. 随机掷两粒骰子，求点数之和不超过 5 的概率。

第1章　随机事件及其概率　作业2

1. 袋中装有3个白球和2个黑球,从中一个一个将球取出,取出后不放回,求第三次才取到黑球的概率。

2. 某工厂有三台机器同时生产日光灯,已知第二台机器的产量是第一台机器产量的3倍,第三台机器的产量是第一台机器产量的4倍,而第一、二、三台机器产品次品率分别为0.05,0.04,0.03,现在从三台机器生产的日光灯中任取一只,求它是次品的概率。

3. 甲盒中有3个白球和3个黑球,乙盒中有3个白球。从甲盒中任取2个球放入乙盒中,再从乙盒中任取2个球,求从乙盒中取到的2个球中恰有一个是黑球的概率。

4. 临床诊断记录表明,利用某种试验检查癌症具有如下效果:对癌症患者进行试验结果呈阳性反应者占95％,对非癌症患者进行试验结果呈阴性反应者占96％。现在用这种试验对某城市居民进行癌症普查,如果该市癌症患者数约占居民总数的4‰,求:(1)试验结果呈阳性反应的被检查者确实患有癌症的概率;(2)试验结果呈阴性反应的被检查者确实未患有癌症的概率。

5. 甲乙两人独立地对同一目标进行射击各一次,击中的概率分别为 0.6 和 0.8 ,现在已知目标被击中,求它是甲击中的概率。

6. 生产某种工艺品需要三道工序,设第一、二、三道工序成为次品的概率分别为 0.03,0.02,0.05。假定各道工序是互不影响的,求生产出来的工艺品是次品的概率。

7. 如图 1-3 所示,构成系统的电子元件的可靠性都是 $p(0<p<1)$,且各个元件能否正常工作是相互独立的,求下列两个系统的可靠性:

题(1)   题(2)

图 1-3 电子元件的可靠性

8. 某射击手对同一目标进行五次独立射击,每次击中的概率为 0.8,求至少击中两次的概率。

第2章 随机变量及其分布

2.1 基本知识点

1. 随机变量的概念与分类

(1)概念 随机变量 $X=X(\omega)$ 是样本点 ω 的实值函数,其定义域是样本空间 Ω,值域为实数集 $\mathbf{R}$。

(2)分类

1)离散型随机变量:随机变量的取值为有限或可数无穷多。

2)非离散型随机变量:不是离散型的随机变量。

2. 分布函数

(1)定义 随机变量 X 的分布函数定义为:$F(x)=P(X\leqslant x)$,其中 $x\in\mathbf{R}$。

(2)性质

1)有界性:$0\leqslant F(x)\leqslant1$,且 $F(-\infty)=0,F(+\infty)=1$。

2)单调性: 当 $x_1<x_2$ 时,有 $F(x_1)\leqslant F(x_2)$。

3)右连续性:$\lim\limits_{x\to x_0^+}F(x)=F(x_0)$。

(3)利用分布函数求事件的概率

1)$P(x_1<X\leqslant x_2)=F(x_2)-F(x_1)$。

2)$P(X=x_0)=F(x_0)-\lim\limits_{x\to x_0^-}F(x)$。

3. 离散型随机变量的概率分布

(1)概率函数

$$p(x_i)=P(X=x_i)=p_i \quad i=1,2,\cdots,n,\cdots$$

(2)概率分布表

X	x_1	x_2	$\cdots$	x_n	$\cdots$
$p(x_i)$	p_1	p_2	$\cdots$	p_n	$\cdots$

(3)性质

1)有界性:$0\leqslant p(x_i)\leqslant1,i=1,2,\cdots,n$。

2)归一性:$\sum\limits_{i=1}^{\infty}p(x_i)=1$。

4. 连续型随机变量的概率密度函数

(1)定义

1)定义1:随机变量 X 的分布函数为 $F(x)$,若存在非负可积函数 $f(x)$,使得对于任意实数 x 有

$$F(x)=\int_{-\infty}^{x}f(t)\,\mathrm{d}t$$

则称 X 为连续型随机变量,函数 $f(x)$ 称为 X 的概率密度函数,简称为概率密度。

2)定义 2:设连续型随机变量 X 的分布函数为 $F(x)$,若极限 $\lim\limits_{\Delta x\to0}\dfrac{F(x+\Delta x)-F(x)}{\Delta x}$ 存在,则称该极限为随机变量 X 在 x 点处的概率密度,记为 $f(x)$,即

$$f(x)=\lim_{\Delta x\to0}\frac{F(x+\Delta x)-F(x)}{\Delta x}=\lim_{\Delta x\to0}\frac{P(x<X\leqslant x+\Delta x)}{\Delta x}$$

(2)性质

1)非负性: $f(x)\geqslant0$。

2)归一性: $\int_{-\infty}^{+\infty}f(t)\,\mathrm{d}t=1$。

(3)利用概率密度函数求事件的概率

1) $P(x_1<X\leqslant x_2)=F(x_2)-F(x_1)=\int_{x_1}^{x_2}f(x)\,\mathrm{d}x$。

2) $P(X=x_0)=0$。

(4)分布函数与概率密度函数的关系

1) $F(x)=\int_{-\infty}^{x}f(t)\,\mathrm{d}t$。

2)若 $F(x)$ 在 x 点处可导,则 $f(x)=F'(x)$;若 $F(x)$ 在 x 点处不可导,习惯上定义其在 x 点处的导数值为零。

5.常用分布

(1)几何分布　若随机变量 $X\sim G(p)$,则其概率函数为

$$p(x)=P(X=x)=p(1-p)^{x-1}\quad x=1,2,\cdots,n,其中\ 0<p<1$$

(2)超几何分布　若随机变量 $X\sim H(n,M,N)$,则其概率函数为

$$p(x)=P(X=x)=\frac{C_M^x C_{N-M}^{n-x}}{C_N^n}\quad x=0,1,\cdots,n$$

(3)二项分布　若随机变量 $X\sim B(n,p)$,则其概率函数为

$$p(x)=P(X=x)=C_n^x p^x(1-p)^{n-x},\ x=0,1,\cdots,n,其中\ 0<p<1$$

(4)泊松分布　若随机变量 $X\sim P(\lambda)$,则其概率函数为

$$p(x)=P(X=x)=\frac{\lambda^x}{x!}\mathrm{e}^{-\lambda}\quad x=0,1,2,\cdots,n,其中\ \lambda>0\ 为常数$$

(5)均匀分布　若随机变量 $X\sim U(a,b)$,则其概率密度函数和分布函数分别为

$$f(x)=\begin{cases}\dfrac{1}{b-a}&a\leqslant x\leqslant b\\0&x<a\ 或\ x>b\end{cases}\qquad F(x)=\begin{cases}0&x<a\\\dfrac{x-a}{b-a}&a\leqslant x<b\\1&x\geqslant b\end{cases}$$

(6)指数分布　若随机变量 $X\sim e(\lambda)$,则其概率密度函数和分布函数分别为

$$f(x)=\begin{cases}\lambda\mathrm{e}^{-\lambda x}&x>0\\0&x\leqslant0\end{cases}\qquad F(x)=\begin{cases}1-\mathrm{e}^{-\lambda x}&x\geqslant0\\0&x<0\end{cases}\qquad 其中\ \lambda>0\ 为常数$$

(7)正态分布　若随机变量 $X \sim N(\mu, \sigma^2)$,则其概率密度函数为

$$f(x) = \frac{1}{\sqrt{2\pi}\,\sigma} e^{-\frac{(x-\mu)^2}{2\sigma^2}}, x \in \mathbf{R}$$

并且有

$$P(x_1 < X < x_2) = \Phi\left(\frac{x_2 - \mu}{\sigma}\right) - \Phi\left(\frac{x_1 - \mu}{\sigma}\right)$$

6.随机变量函数的分布

(1)离散型随机变量函数的分布　若 $Y = g(X)$,则在 X 的概率分布表上方添加一行,在该行计算出 Y 的取值如下

$Y = g(X)$	$g(x_1)$	$g(x_2)$	$\cdots$	$g(x_n)$	$\cdots$
X	x_1	x_2	$\cdots$	x_n	$\cdots$
$p_X(x_i)$	p_1	p_2	$\cdots$	p_n	$\cdots$

然后将函数值 $g(x_i)$ 相同的进行合并,并将其相应概率相加即可。

(2)连续型随机变量函数的分布

1)一般情况　若 $Y = g(X)$,则 Y 的分布函数为

$$F_Y(y) = P(Y \leqslant y) = P[g(X) \leqslant y] = \int_{g(x) \leqslant y} f_X(x)\mathrm{d}x$$

从而可得 Y 的概率密度函数为

$$f(x) = F'(x)$$

2)若 $y = g(x)$ 为单调函数,其反函数 $g^{-1}(y)$ 有连续导函数,则 $Y = g(X)$ 的概率密度为

$$f_Y(y) = f_X[g^{-1}(y)] \,\big|\, [g^{-1}(y)]' \big|$$

3)重要结论

若随机变量 $X \sim N(\mu, \sigma^2)$,则随机变量 $Y = aX + b \sim N(a\mu + b, a^2\sigma^2)$。

2.2 基本要求

1)理解随机变量的概念,掌握随机变量分布函数 $[F(x) = P(X \leqslant x)]$ 的概念及性质,会用分布函数计算相关事件的概率。

2)掌握离散型随机变量的分布律及其性质,会用分布律计算相关事件的概率。

3)掌握连续型随机变量的概率密度函数及其性质,会用概率分布计算相关事件的概率。

4)掌握几何分布、超几何分布、二项分布、泊松分布、均匀分布、指数分布和正态分布。

5)会求简单一维随机变量函数的概率分布。

2.3 典型例题分析

例 1　从 $1,2,3,4$ 中任取两个数,设取到的最小号码为 X,求(1)X 的概率分布;(2)X 的分布函数;(3)$Y = 2X^2 - 1$ 的概率分布。

解:(1)由题意可知 X 的可能取值为 $1,2,3$,而

$$P(X=1) = \frac{C_1^1 C_3^1}{C_4^2} = \frac{1}{2} \quad P(X=2) = \frac{C_1^1 C_2^1}{C_4^2} = \frac{1}{3} \quad P(X=3) = \frac{C_1^1 C_1^1}{C_4^2} = \frac{1}{6}$$

所以 X 的概率分布表为

X	1	2	3
$p(x_i)$	$\dfrac{1}{2}$	$\dfrac{1}{3}$	$\dfrac{1}{6}$

（2）由 X 的概率分布表可得 X 的分布函数为

$$F(x)=P(X\leqslant x)=\begin{cases}0 & x<1\\[2mm]\dfrac{1}{2} & 1\leqslant x<2\\[2mm]\dfrac{5}{6} & 2\leqslant x<3\\[2mm]1 & x\geqslant 3\end{cases}\qquad（区间为前闭后开，函数右连续）$$

（3）若 $Y=2X^2-1$，则 Y 的概率分布为

Y	1	7	17
$p(y_j)$	$\dfrac{1}{2}$	$\dfrac{1}{3}$	$\dfrac{1}{6}$

例 2 设随机变量 X 的分布函数为 $F(x)=\begin{cases}0 & x<0\\[2mm]\dfrac{1}{2} & 0\leqslant x<1,\\[2mm]1-\mathrm{e}^{-x} & x\geqslant 1\end{cases}$ 则 $P\{X=1\}=(\quad)$

(A)0   (B)$\dfrac{1}{2}$ (C)$\dfrac{1}{2}-\mathrm{e}^{-1}$ (D)$1-\mathrm{e}^{-1}$

解：由 $P(X=x_0)=F(x_0)-\lim\limits_{x\to x_0^-}F(x)$ 可得

$$P(X=1)=F(1)-\lim_{x\to 1^-}F(x)=1-\mathrm{e}^{-1}-\frac{1}{2}=\frac{1}{2}-\mathrm{e}^{-1}$$

所以选 C。

注意：此例中的随机变量 X 既不是离散型随机变量也不是连续型随机变量，它的可能取值为 0 和区间 $[1,+\infty)$ 上的所有值。且 $P(X=0)=\dfrac{1}{2}$，$P(X=1)=\dfrac{1}{2}-\mathrm{e}^{-1}$，在区间 $(1,+\infty)$ 上连续取值。这样的随机变量称为混合型随机变量。

例 3 设 X_1 和 X_2 是任意两个连续型随机变量，它们的概率密度分别为 $f_1(x)$ 和 $f_2(x)$，分布函数分别为 $F_1(x)$ 和 $F_2(x)$，则（　　）

(A)$f_1(x)+f_2(x)$ 必为某一随机变量的概率密度

(B)$f_1(x)f_2(x)$ 必为某一随机变量的概率密度

(C)$F_1(x)+F_2(x)$ 必为某一随机变量的分布函数

(D)$F_1(x)F_2(x)$ 必为某一随机变量的分布函数

解：A 选项不满足归一性 $\displaystyle\int_{-\infty}^{+\infty}[f_1(x)+f_2(x)]\mathrm{d}x=\int_{-\infty}^{+\infty}f_1(x)\mathrm{d}x+\int_{-\infty}^{+\infty}f_2(x)\mathrm{d}x=1+1=2$

B 选项的反例

$$f_1(x)=\begin{cases} \dfrac{1}{2} & 0<x<2 \\ 0 & \text{其他} \end{cases} \qquad f_2(x)=\begin{cases} \dfrac{1}{3} & 1<x<4 \\ 0 & \text{其他} \end{cases} \qquad \text{而 } f_1(x)f_2(x)=\begin{cases} \dfrac{1}{6} & 1<x<2 \\ 0 & \text{其他} \end{cases}$$

显然不满足 $\int_{-\infty}^{+\infty} f_1(x)f_2(x)\mathrm{d}x=1$

C 选项不满足归一性 $F_1(+\infty)+F_2(+\infty)=2$，故选 D。

例 4 已知随机变量 X 的概率密度函数为

$$f_X(x)=a\mathrm{e}^{-|x|} \qquad x\in\mathbf{R}$$

求：(1)常数 a；(2)概率 $P(-1<X<1)$；(3) X 的分布函数 $F_X(x)$；(4)随机变量 $Y=\arctan X$ 的概率密度函数 $f_Y(y)$。

解：(1)由概率密度函数的归一性可知 $\int_{-\infty}^{+\infty} f_X(x)\mathrm{d}x=1$，从而有

$$\int_{-\infty}^{+\infty} a\mathrm{e}^{-|x|}\mathrm{d}x=a\int_{-\infty}^{0} \mathrm{e}^{x}\mathrm{d}x+a\int_{0}^{+\infty} a\mathrm{e}^{-x}\mathrm{d}x=2a=1$$

解得 $a=\dfrac{1}{2}$，所以 X 的概率密度函数为

$$f_X(x)=\frac{1}{2}\mathrm{e}^{-|x|} \qquad x\in\mathbf{R}$$

(2) $P(-1<X<1)=\displaystyle\int_{-1}^{1} f_X(x)\mathrm{d}x=\int_{-1}^{1} \frac{1}{2}\mathrm{e}^{-|x|}\mathrm{d}x=\int_{0}^{1} \mathrm{e}^{-x}\mathrm{d}x=1-\mathrm{e}^{-1}$

(3)由 $F_X(x)=\displaystyle\int_{-\infty}^{x} f_X(t)\mathrm{d}t$ 以及 $f_X(x)$ 为分段函数可得

当 $x<0$ 时，$F_X(x)=\displaystyle\int_{-\infty}^{x} f_X(t)\mathrm{d}t=\int_{-\infty}^{x} \frac{1}{2}\mathrm{e}^{t}\mathrm{d}t=\frac{1}{2}\mathrm{e}^{x}$

当 $x\geqslant 0$ 时，$F_X(x)=\displaystyle\int_{-\infty}^{x} f_X(t)\mathrm{d}t=\int_{-\infty}^{0} \frac{1}{2}\mathrm{e}^{t}\mathrm{d}t+\int_{0}^{x} \frac{1}{2}\mathrm{e}^{-t}=\frac{1}{2}-\frac{1}{2}\mathrm{e}^{-x}+\frac{1}{2}=1-\frac{1}{2}\mathrm{e}^{-x}$

所以 X 的分布函数为

$$F_X(x)=\begin{cases} \dfrac{1}{2}\mathrm{e}^{x} & x<0 \\[2mm] 1-\dfrac{1}{2}\mathrm{e}^{-x} & x\geqslant 0 \end{cases}$$

(4)**解法一：**由 $Y=\arctan X$ 可知当 X 在实数集 $\mathbf{R}$ 取值时，Y 在区间 $\left(-\dfrac{\pi}{2},\dfrac{\pi}{2}\right)$ 上取值，所以

当 $y<-\dfrac{\pi}{2}$ 时，$F_Y(y)=P(Y\leqslant y)=P(\phi)=0$

当 $y\geqslant\dfrac{\pi}{2}$ 时，$F_Y(y)=P(Y\leqslant y)=P(\Omega)=1$

当 $-\dfrac{\pi}{2}\leqslant y<\dfrac{\pi}{2}$ 时，$F_Y(y)=P(Y\leqslant y)=P(\arctan X\leqslant y)=P(X\leqslant\tan y)=F_X(\tan y)$

所以 Y 的分布函数为

$$F_Y(y) = \begin{cases} 0 & y < 0 \\ \dfrac{1}{2}e^{\tan y} & -\dfrac{\pi}{2} \leqslant y < 0 \\ 1 - \dfrac{1}{2}e^{-\tan y} & 0 \leqslant y < \dfrac{\pi}{2} \\ 1 & y \geqslant \dfrac{\pi}{2} \end{cases}$$

从而可得 Y 的概率密度函数为

$$f_Y(y) = \frac{\mathrm{d}}{\mathrm{d}y}F_Y(y) = \begin{cases} \dfrac{1}{2}e^{-|\tan y|}\sec^2 y & -\dfrac{\pi}{2} < y < \dfrac{\pi}{2} \\ 0 & \text{其他} \end{cases}$$

解法二：：由 $Y = \arctan X$ 可知当 X 在实数集 $\mathbf{R}$ 取值时，Y 在区间 $\left(-\dfrac{\pi}{2}, \dfrac{\pi}{2}\right)$ 上取值，所以

当 $y \leqslant -\dfrac{\pi}{2}$ 时，$F_Y(y) = P(Y \leqslant y) = P(\phi) = 0$，此时 $f_Y(y) = \dfrac{\mathrm{d}}{\mathrm{d}y}F_Y(y) = 0$

当 $y \geqslant \dfrac{\pi}{2}$ 时，$F_Y(y) = P(Y \leqslant y) = P(\Omega) = 1$，此时 $f_Y(y) = \dfrac{\mathrm{d}}{\mathrm{d}y}F_Y(y) = 0$

当 $-\dfrac{\pi}{2} \leqslant y < \dfrac{\pi}{2}$ 时，函数 $y = \arctan x$ 是 $\mathbf{R}$ 上的单调函数，可以用公式求解，其反函数为 $x = \tan y$，且反函数的导函数为 $x'_y = \sec^2 y$，从而可得

$$f_Y(y) = f_X[g^{-1}(y)] \left| [g^{-1}(y)]' \right| = f_X(\tan y)|\sec^2 y| = \frac{1}{2}e^{-|\tan y|}\sec^2 y$$

所以得 Y 的概率密度函数为

$$f_Y(y) = \begin{cases} \dfrac{1}{2}e^{-|\tan y|}\sec^2 y & -\dfrac{\pi}{2} < y < \dfrac{\pi}{2} \\ 0 & \text{其他} \end{cases}$$

例 5 已知随机变量 $X \sim U(-1, 2)$，求随机变量 $Y = X^2$ 的概率密度函数 $f_Y(y)$。

解：由 $X \sim U(-1, 2)$，知 X 的概率密度函数为

$$f_X(x) = \begin{cases} \dfrac{1}{3} & -1 \leqslant x \leqslant 2 \\ 0 & \text{其他} \end{cases}$$

当 X 在区间 $[-1, 2]$ 上取值时，Y 在区间 $[0, 4]$ 上取值。由于函数 $y = x^2$ 在区间 $[-1, 2]$ 不是单调函数，所以采用分布函数法来求解。

当 $y < 0$ 时，$F_Y(y) = P(Y \leqslant y) = P(\phi) = 0$

当 $y \geqslant 4$ 时，$F_Y(y) = P(Y \leqslant y) = P(\Omega) = 1$

当 $0 \leqslant y < 1$ 时，有

$$F_Y(y) = P(Y \leqslant y) = P(X^2 \leqslant y) = P(-\sqrt{y} \leqslant X \leqslant \sqrt{y}) = \int_{-\sqrt{y}}^{\sqrt{y}} \frac{1}{3}\mathrm{d}x = \frac{2}{3}\sqrt{y}$$

当 $1 \leqslant y < 4$ 时，有

$$F_Y(y) = P(Y \leqslant y) = P(X^2 \leqslant y) = P(-\sqrt{y} \leqslant X \leqslant \sqrt{y})$$

$$= P(-\sqrt{y} \leqslant X < -1) + P(-1 \leqslant X \leqslant \sqrt{y})$$

$$= \int_{-\sqrt{y}}^{-1} 0 \mathrm{d}x + \int_{-1}^{\sqrt{y}} \frac{1}{3} \mathrm{d}x = \frac{2}{3}(\sqrt{y}+1)$$

所以 Y 的分布函数为

$$F_Y(y) = \begin{cases} 0 & y < 0 \\ \dfrac{2}{3}\sqrt{y} & 0 \leqslant y < 1 \\ \dfrac{2}{3}(\sqrt{y}+1) & 1 \leqslant y < 4 \\ 1 & y \geqslant 4 \end{cases}$$

从而可得 Y 的概率密度函数为

$$f_Y(y) = \frac{\mathrm{d}}{\mathrm{d}y} F_Y(y) = \begin{cases} \dfrac{1}{3\sqrt{y}} & 0 < y < 1 \\ \dfrac{1}{6\sqrt{y}} & 1 \leqslant y < 4 \\ 0 & 其他 \end{cases}$$

第 2 章　随机变量及其分布　作业 1

1. 判断下列函数是否可以作为随机变量的分布函数

$(1) F_1(x) = \begin{cases} 0 & x \leqslant 1 \\ 0.6 & 1 < x < 2 \\ 1 & x \geqslant 2 \end{cases}$ （　　）　　$(2) F_2(x) = \begin{cases} 0 & x < 0 \\ \dfrac{1}{3}x & 0 \leqslant x < 3 \\ 1 & x \geqslant 3 \end{cases}$ （　　）

2. 已知随机变量 X 的分布函数为 $F(x) = A + B\arctan x\ (x \in \mathbf{R})$，求：(1) 常数 A, B；(2) 概率 $P(-1 < X \leqslant 1)$；(3) 概率 $P(X > 1)$。

3. 10 把钥匙中有 3 把不能打开某房间的门，开门时每次取出一把来开，若不能打开，则钥匙不再放回。求在打开房门前取得的不能开门的钥匙把数的概率分布。

4. 工厂的某条生产线出现次品的概率为 $p\,(0 < p < 1)$，一旦出现次品则立即停止生产进行检修。求停止生产进行检修时已生产的产品个数的概率分布，并求停止生产进行检修时已生产的产品个数至少为 2 的概率。

5. 10 个产品中含有 4 个次品,从中抽取 5 个样品,分别在下列两种情况下求样品中含有的次品数的概率分布:(1)不放回抽样;(2)有放回抽样。

6. 将一粒骰子连续抛掷 3 次,求 3 次抛掷中 6 点出现次数的概率分布,并求 3 次抛掷中都不出现 6 点的概率。

7. 某医院每天的急诊病人数 X 服从参数为 1 的泊松分布 $P(1)$,写出 X 的概率分布,并求该医院一天的急诊病人数不多于 1 人的概率。

第 2 章 随机变量及其分布 作业 2

1. 判断下列函数是否可以作为连续型随机变量的概率密度函数

    (1) $f_1(x) = \dfrac{1}{1+x^2}$ $x \in \mathbf{R}$ (   )   (2) $f_2(x) = \begin{cases} \cos x & 0 < x < \dfrac{\pi}{2} \\ 0 & \text{其他} \end{cases}$ (   )

    (3) $f_3(x) = \begin{cases} \dfrac{3}{2}x^2 & 0 < x < 1 \\ \dfrac{1}{3}x & 1 \leqslant x < 2 \\ 0 & \text{其他} \end{cases}$ (   )   (4) $f_4(x) = \begin{cases} \sin x & 0 < x < \dfrac{3\pi}{2} \\ 0 & \text{其他} \end{cases}$ (   )

2. 已知连续型随机变量 X 的概率密度函数为 $f(x) = \dfrac{a}{1+x^2}$ $(x \in \mathbf{R})$，试求：(1) 系数 a；

    (2) 概率 $P(-1 < X < 1)$；(3) X 的分布函数 $F(x)$。

3. 已知随机变量 X 在区间 $[0,2]$ 上服从均匀分布，即 $X \sim U(0,2)$，对 X 进行四次独立

    观测，求至少一次观测值大于 1 的概率。

4.已知连续型随机变量 X 的分布函数为 $F(x)=\begin{cases} 0 & x<0 \\ \dfrac{1}{2}x^3 & 0\leqslant x<1 \\ Ax^2+B & 1\leqslant x<2 \\ 1 & x\geqslant 2 \end{cases}$，求：(1)系数 A，

B；(2)X 的概率密度函数 $f(x)$。

5.顾客在某银行窗口等待服务的时间 X（单位：min）服从参数为 $\dfrac{1}{6}$ 的指数分布，即 $X\sim$

$e\left(\dfrac{1}{6}\right)$，某顾客在窗口等待服务，若超过 12min 就离开。写出 X 的概率密度函数，并

求顾客未等到服务就离开的概率。

6.某人上班所需的时间 $X\sim N(30,10^2)$（单位：min），已知上班时间是 9：00，他每天

8：20出门，求这个人：(1)某天迟到的概率；(2)一周（以 5 天计）不迟到的概率。

第2章 随机变量及其分布 作业3

1.已知随机变量 X 的概率分布表如下

X	-2	-1	0	1	2
$p_X(x_i)$	0.2	0.1	0.1	0.3	0.3

且 $Y = X^2 + X$，求 Y 的概率分布表。

2.已知随机变量 $X \sim B(3, 0.5)$，而随机变量 $Y = X(X-2)$，求 Y 的概率分布表。

3. 已知随机变量 $X \sim e(3)$，而随机变量 $Y = 6X$，求 Y 的概率密度函数 $f_Y(y)$。

4. 已知随机变量 X 在区间 $\left[-\frac{\pi}{2}, \frac{\pi}{2}\right]$ 上服从均匀分布，即 $X \sim U\left(-\frac{\pi}{2}, \frac{\pi}{2}\right)$，而随机变量 $Y = \tan X$，求 Y 的概率密度函数 $f_Y(y)$。

5. 已知随机变量 X 的概率密度函数为 $f_X(x) = \dfrac{1}{\pi(1+x^2)}$，$x \in \mathbf{R}$，而随机变量 $Y = e^x$，求 Y 的概率密度函数 $f_Y(y)$。

第3章　二维随机变量及其分布

3.1 基本知识点

	二维离散型随机变量	二维连续型随机变量
联合分布	①联合概率函数 $p_{ij}=P(X=x_i,Y=y_j)$ $\quad=p(x_i,y_j)$ ②联合概率分布表 （表：行标题 X，列标题 Y: $y_1,\cdots,y_n$；x_1: $p_{11},\cdots,p_{1n}$；$\vdots$；x_m: $p_{m1},\cdots,p_{mn}$）	①联合分布函数 $F(x,y)=P(X\leqslant x,Y\leqslant y)$ ②联合概率密度 $f(x,y)=\lim\limits_{\substack{\Delta x\to 0\\\Delta y\to 0}}\dfrac{P(x<X<x+\Delta x,y<Y<y+\Delta y)}{\Delta x\Delta y}$ ③关系: $F(x,y)=\displaystyle\int_{-\infty}^{x}\int_{-\infty}^{y}f(u,v)\mathrm{d}u\mathrm{d}v$ $f(x,y)=\dfrac{\partial^2 F(x,y)}{\partial x\partial y}=\dfrac{\partial^2 F(x,y)}{\partial y\partial x}$ ④二维连续型随机变量(X,Y)落在任意区域 D 内的概率为: $P\{(X,Y)\in D\}=\displaystyle\iint\limits_{D}f(x,y)\mathrm{d}x\mathrm{d}y$
边缘分布	①边缘概率函数 $p_X(x_i)=\sum\limits_{j=1}^{n}p(x_i,y_j)$ ②边缘分布可由联合分布决定	①边缘分布函数 $F_X(x)=\lim\limits_{y\to\infty}F(x,y)=P(X\leqslant x)$ $=\displaystyle\int_{-\infty}^{x}\Big[\int_{-\infty}^{+\infty}f(x,y)\mathrm{d}y\Big]\mathrm{d}x$ ②边缘概率密度 $f_X(x)=\dfrac{\mathrm{d}}{\mathrm{d}x}F_X(x)=\displaystyle\int_{-\infty}^{+\infty}f(x,y)\mathrm{d}y$
独立性	$p(x_i,y_j)=p_X(x_i)p_Y(y_j),\forall i,j$	①$F(x,y)=F_x(x)F_y(y)$ ②$f(x,y)=f_x(x)f_y(y)$
条件分布	①$p_{X\mid Y}(x_i\mid y_j)=\dfrac{p(x_i,y_j)}{p_Y(y_j)}$ ②独立时 $p_{X\mid Y}(x_i\mid y_j)=p_X(x_i)$	①$f_{X\mid Y}(x\mid y)=\dfrac{f(x,y)}{f_Y(y)}$ ②独立时 $f_{X\mid Y}(x\mid y)=f_X(x)$
函数的分布	①确定函数值 $g(x_i,y_j)$ 及概率 $p(x_i,y_j)$ ②合并函数值相等处的概率值 ③整理写出概率分布表	分布函数法: ①先求 $F_Z(z)$: $F_Z(z)=\displaystyle\iint\limits_{D:\{(x,y)\mid g(x,y)\leqslant z\}}f(x,y)\mathrm{d}x\mathrm{d}y$ ②再对 z 求导而得 $Z=g(X,Y)$ 的概率密度 $f_Z(z)$ ③和函数、平方和函数、最值函数

3.2 基本要求

1)了解二维随机变量的概念,了解二维随机变量的联合分布函数及其性质。

2)掌握二维离散型随机变量的联合概率分布函数及其性质,了解二维连续型随机变量的联合概率密度及其性质,并会计算相关事件的概率。

3)了解二维随机变量的边缘分布及条件分布,并会计算。

4)理解随机变量独立性的概念,掌握应用随机变量的独立性进行概率计算的方法。

5)了解二维随机变量函数的分布,会计算独立随机变量的简单函数的概率分布。

3.3 典型例题分析

例 1 已知二维离散型随机变量(X,Y)的边缘概率及部分联合概率如下

X＼Y	0	1	$P_X(i)$
−1		0	$\frac{1}{4}$
0			$\frac{1}{2}$
1		0	$\frac{1}{4}$
$P_Y(j)$	$\frac{1}{2}$	$\frac{1}{2}$	1

(1)求(X,Y)的其他联合概率值;(2)问 X 与 Y 是否相互独立? (3)求在 $Y=0$ 的条件下,X 的条件概率分布表;(4)分别求 $Z_1=X^2+Y^2$,$Z_2=X+Y$,$Z_3=\min(X,Y)$ 的概率分布表。

解:(1)由二维离散随机变量联合概率函数和边缘概率函数的关系

$$p(1,0)+p(1,1)=p_X(1)=\frac{1}{4}$$

得 $p(1,0)=\frac{1}{4}$,同理可得

$$p(-1,0)=\frac{1}{4} \quad p(0,0)=0 \quad p(0,1)=\frac{1}{2}$$

于是(X,Y)的联合概率分布表为

X＼Y	0	1	$P_X(i)$
−1	$\frac{1}{4}$	0	$\frac{1}{4}$
0		$\frac{1}{2}$	$\frac{1}{2}$
1	$\frac{1}{4}$	0	$\frac{1}{4}$
$P_Y(j)$	$\frac{1}{2}$	$\frac{1}{2}$	1

(2)不独立。由(X,Y)的联合概率及边缘概率分布表知：$p(-1,0)\neq p_X(-1)p_Y(0)$，故二维随机变量 X 与 Y 不独立。

(3)由 $P_{X|Y}(x_i|y_j)=\dfrac{p(x_i,y_j)}{P_Y(y_j)}$ 得 $Y=0$ 的条件下，随机变量 X 的条件概率分布表

$X|Y=0$	-1	0	1
$P_{X|Y}(x_i|0)$	$\dfrac{1}{2}$	0	$\dfrac{1}{2}$

(4)由(X,Y)的联合概率分布表，可得

$p(x_i,y_j)$	$\dfrac{1}{4}$	0	0	$\dfrac{1}{2}$	$\dfrac{1}{4}$	0
(x_i,y_j)	$(-1,0)$	$(-1,1)$	$(0,0)$	$(0,1)$	$(1,0)$	$(1,1)$
$Z_1=X^2+Y^2$	1	2	0	1	1	2
$Z_2=X+Y$	-1	0	0	1	1	2
$Z_3=\min(X,Y)$	-1	-1	0	0	0	1

故整理得

$Z_1=X^2+Y^2$ 的概率分布表为

$Z_1=X^2+Y^2$	0	1	2
$p_{z_1}(z_k)$	0	1	0

$Z_2=X+Y$ 的概率分布表为

$Z_2=X+Y$	-1	0	1	2
$p_{z_2}(z_k)$	$\dfrac{1}{4}$	0	$\dfrac{3}{4}$	0

$Z_3=\min(X,Y)$ 的概率分布表为

$Z_3=\min(X,Y)$	-1	0	1
$p_{z_3}(z_k)$	$\dfrac{1}{4}$	$\dfrac{3}{4}$	0

例 2　坐标原点 O 射击的弹着点(X,Y)服从二维正态分布 $N(0,0,\sigma^2,\sigma^2,0)$，求弹着点与射击目标 0 的偏差距离 $Z=\sqrt{X^2+Y^2}$ 的概率密度$(\sigma>0)$？

解：由于$(X,Y)\sim N(0,0,\sigma^2,\sigma^2,0)$，故其联合概率密度为

$$f(x,y)=\frac{1}{2\pi\sigma^2}e^{-\frac{x^2+y^2}{2\sigma^2}}\quad x,y\in\mathbf{R}$$

而 $Z=\sqrt{X^2+Y^2}\geqslant 0$，所以

当 $z\leqslant 0$ 时，

$$F_Z(z)=p(Z\leqslant z)=0$$

当 $z>0$ 时，

$$F_Z(z)=p(\sqrt{X^2+Y^2}\leqslant z)=\iint\limits_{\sqrt{X^2+Y^2}\leqslant z}\frac{1}{2\pi\sigma^2}e^{-\frac{x^2+y^2}{2\sigma^2}}\mathrm{d}x\mathrm{d}y$$

$$=\int_0^{2\pi}\mathrm{d}\theta\int_0^z\frac{1}{2\pi\sigma^2}e^{-\frac{r^2}{2\sigma^2}}r\mathrm{d}r=1-e^{-\frac{z^2}{2\sigma^2}}$$

故 Z 的分布函数为

$$F_Z(z)=\begin{cases}1-e^{-\frac{z^2}{2\sigma^2}} & z>0\\ 0 & z\leqslant 0\end{cases}$$

从而可得 Z 的概率密度为

$$f_Z(z)=\begin{cases}\dfrac{z}{\sigma^2}e^{-\frac{z^2}{2\sigma^2}} & z>0\\ 0 & z\leqslant 0\end{cases}$$

称 Z 服从参数为 σ 的瑞利(Rayleigh)分布，即射击时的偏差距离服从瑞利分布。

第3章　二维随机变量及其分布　作业1

1. 某系统是由两个相互独立工作的元件并联而成,两个元件的寿命分别为 X 和 Y(单位:h),已知 (X,Y) 的联合分布函数为

$$F(x,y)=\begin{cases}1-e^{-0.01x}-e^{-0.01y}+e^{-0.01(x+y)}; & x\geqslant0,y\geqslant0\\0 & x<0 \text{ 或 } y<0\end{cases}$$

求:(1) X 和 Y 的边缘分布函数;(2)此系统正常工作 120h 以上的概率。

2. 设二维离散随机变量 (X,Y) 的联合概率分布表为

X \ Y	1	2	3
0	$\frac{1}{4}$	$\frac{1}{8}$	$\frac{1}{16}$
1	$\frac{3}{16}$	a	$\frac{1}{8}$

求:(1)未知常数 a;(2)写出边缘概率分布表;(3)判断 X 与 Y 是否独立,为什么?

3. 已知 5 件产品中 2 件一等品，2 件二等品，1 件三等品。从中任取 2 件，X 表示取到一等品的件数，Y 表示取到二等品的件数。

求(1)二维随机变量(X,Y)的联合概率分布表；(2)X 的边缘分布；(3)在 $X=1$ 的条件下，Y 的条件概率分布。

4. 设随机变量 X 与 Y 相互独立，其概率分布分别为

X	0	1
$P(X=x_i)$	0.5	0.5

Y	0	1
$P(Y=y_j)$	0.5	0.5

求:(1)二维随机变量(X,Y)的联合概率分布表；(2)$P(X=Y)$。

第3章 二维随机变量及其分布 作业2

1.已知二维连续型随机变量(X,Y)的联合概率密度为

$$f(x,y)=\begin{cases} Axy & 0\leqslant x\leqslant 1,0\leqslant y\leqslant 1 \\ 0 & \text{其他} \end{cases}$$

求:(1)常数A;(2)(X,Y)的联合分布函数$F(x,y)$;(3)$P(X\leqslant\frac{1}{2})$。

2.设二维连续型随机变量(X,Y)的联合分布函数为

$$F(x,y)=\frac{1}{\pi^2}(\frac{\pi}{2}+\arctan\frac{x}{2})(\frac{\pi}{2}+\arctan\frac{y}{2})$$

(1)求其联合概率密度$f(x,y)$;(2)判断X与Y是否相互独立。

3. 设随机变量 $X \sim U(0,1)$，在 $X = x$ 的条件下 Y 的条件概率密度为 $f_{Y|X}(y|x) =$
$$\begin{cases} x & 0 < y < \dfrac{1}{x} \\ 0 & \text{其他} \end{cases}$$
求：(1)二维连续型随机变量 (X,Y) 的联合概率密度 $f(x,y)$；(2)求 Y 的边缘概率密度 $f_Y(y)$。

4. 设二维连续型随机变量 (X,Y) 在平面区域 D 上服从均匀分布，平面区域 D 是由曲线 $y = \dfrac{1}{x}, y = 0, x = 1, x = e^2$ 所围成。

求：(1)(X,Y) 的联合概率密度 $f(x,y)$；(2)X 的边缘概率密度 $f_X(x)$，并写出在 $x = 2$ 处的值 $f_X(2)$；(3)在 $X = x$ 的条件下 Y 的条件概率密度 $f_{Y|X}(y|x)$，并写出在 $x = 2$ 处的条件概率密度值 $f_{Y|X}(y|2)$。

5. 随机变量 (X,Y) 服从二维正态分布，其联合概率密度函数为 $f(x,y) = \dfrac{1}{2\pi} e^{-\frac{x^2+y^2}{2}}$，$x \in \mathbf{R}, y \in \mathbf{R}$，计算概率 $p(X^2 + Y^2 < r)$，其中 $r > 0$。

第3章 二维随机变量及其分布 作业3

1.设已知二维随机变量(X,Y)的联合分布如下

X \ Y	1	2	3
1	$\frac{1}{10}$	$\frac{1}{5}$	$\frac{1}{5}$
2	$\frac{3}{10}$	$\frac{1}{10}$	$\frac{1}{10}$

求:(1)概率$P(XY=2)$;(2)概率$P(X=Y)$;(3)$Z_1=2X-Y,Z_2=XY,Z_3=\max(X,Y)$的概率分布表。

2.设随机变量$Y\sim e(1)$,定义随机变量X_1,X_2如下

$$X_k=\begin{cases} 0 & Y\leqslant k \\ 1 & Y>k \end{cases}(k=1,2)$$

求:(1)二维随机变量(X_1,X_2)的联合概率分布表;(2)$Z=X_1{}^2+X_2{}^2$的概率分布表。

3. 设连续型随机变量 X 与 Y 相互独立, $X \sim U(0,1)$, $Y \sim e(1)$。求:(1)函数 $Z = X + Y$ 的概率密度函数 $f_Z(z)$;(2)函数 $Z = \min(X, Y)$ 的分布函数。

4. 设随机变量 $X_1, X_2, \cdots, X_n$ 相互独立,且服从相同的正态分布 $N(\mu, \sigma^2)$,证明随机变量 $Z = \frac{1}{n} \sum_{i=1}^{n} X_i$ 服从正态分布 $N(\mu, \frac{\sigma^2}{n})$。

第4章 随机变量的数字特征

4.1 基本知识点

1.随机变量的数学期望

(1)一维随机变量的数学期望

$$EX = \begin{cases} \sum\limits_{i=1}^{\infty} x_i p_x(x_i) & X\ 为离散型 \\ \int_{-\infty}^{+\infty} x f(x)\mathrm{d}x & X\ 为连续型 \end{cases}$$

(2)一维随机变量的函数 $Y = g(X)$ 的数学期望

$$EY = \begin{cases} \sum\limits_{i=1}^{\infty} g(x_i) p_x(x_i) & X、Y\ 为离散型 \\ \int_{-\infty}^{+\infty} g(x) f(x)\mathrm{d}x & X、Y\ 为连续型 \end{cases}$$

(3)二维随机变量 (X,Y) 的数学期望

$$EX = \begin{cases} \sum\limits_i x_i p_X(x_i) = \sum\limits_i \sum\limits_j x_i p(x_i, y_j) & (X,Y)\ 为离散型 \\ \int_{-\infty}^{+\infty} x f_X(x)\mathrm{d}x = \int_{-\infty}^{+\infty}\int_{-\infty}^{+\infty} x f(x,y)\mathrm{d}x\mathrm{d}y & (X,Y)\ 为连续型 \end{cases}$$

$$EY = \begin{cases} \sum\limits_j y_j p_Y(y_j) = \sum\limits_i \sum\limits_j y_j p(x_i, y_j) & (X,Y)\ 为离散型 \\ \int_{-\infty}^{+\infty} y f_Y(y)\mathrm{d}y = \int_{-\infty}^{+\infty}\int_{-\infty}^{+\infty} y f(x,y)\mathrm{d}x\mathrm{d}y & (X,Y)\ 为连续型 \end{cases}$$

(4)二维随机变量函数 $Z = g(X,Y)$ 的数学期望

$$EZ = E[g(X,Y)] = \begin{cases} \sum\limits_i \sum\limits_j g(x_i, y_j) p(x_i, y_j) & (X,Y)\ 为离散型 \\ \int_{-\infty}^{+\infty}\int_{-\infty}^{+\infty} g(x,y) f(x,y)\mathrm{d}x\mathrm{d}y & (X,Y)\ 为连续型 \end{cases}$$

(5)数学期望的运算性质

1)$E(aX+b) = E(aX) + E(b) = aEX + b$

2)$E(X+Y) = EX + EY$

3)$E(XY) = EX \cdot EY + \mathrm{Cov}(X,Y)$;若 X 与 Y 相互独立,则 $E(XY) = EX \cdot EY$。

2.随机变量的方差与标准差

(1)方差与标准差的定义

1)方差:$DX = E[(X-EX)^2] = \begin{cases} \sum\limits_i (x_i - EX)^2 p_X(x_i) & X\ 为离散型 \\ \int_{-\infty}^{+\infty} (x-EX)^2 f_X(x)\mathrm{d}x & X\ 为连续型 \end{cases}$

2)标准差:$\sigma_X=\sqrt{DX}$

（2）方差常用的计算公式
$$DX=E(X^2)-(EX)^2$$

（3）方差的性质

1)$Y=aX(a\neq0)$的方差 $DY=a^2DX$。

2)若 c 为常数,则 $Dc=0$。

3)$D(X\pm Y)=DX+DY\pm2\text{Cov}(X,Y)$;若 X 与 Y 相互独立,则 $D(X\pm Y)=DX+DY$。

3.二维随机变量的协方差和相关系数

（1）二维随机变量的协方差
$$\text{Cov}(X,Y)=E[(X-EX)(Y-EY)]=E(XY)-EX\cdot EY$$

（2）二维随机变量的相关系数
$$R(X,Y)=\text{Cov}(X^*,Y^*)=\frac{\text{Cov}(X,Y)}{\sigma_X\sigma_Y}$$

（3）相关结论

1)随机变量 X 与 Y 相互独立$\Rightarrow\text{Cov}(X,Y)=0$。

2)$\text{Cov}(X,Y)=0\Leftrightarrow R(X,Y)=0\Leftrightarrow X,Y$ 不相关$\Leftrightarrow D(X\pm Y)=DX+DY$。

4.常见分布的数字特征

1)若 $X\sim$"$0-1$",则 $EX=p,DX=pq$。

2)若 $X\sim B(n,p)$,则 $EX=np,DX=npq$。

3)若 $X\sim p(\lambda)$,则 $EX=\lambda,DX=\lambda$。

4)若 $X\sim U(a,b)$,则 $EX=\frac{a+b}{2},DX=\frac{(b-a)^2}{12}$。

5)若 $X\sim e(\lambda)$,则 $EX=\frac{1}{\lambda},DX=\frac{1}{\lambda^2}$。

6)若 $X\sim N(\mu,\sigma^2)$,则 $EX=\mu,DX=\sigma^2$。

7)若(X,Y)服从二维正态分布,其联合概率密度为:
$$f(x,y)=\frac{1}{2\pi\sigma_x\sigma_y\sqrt{1-r^2}}e^{-\frac{1}{2(1-r)^2}\left[\frac{(x-\mu_x)^2}{\sigma_x^2}-\frac{2r(x-\mu_x)(y-\mu_y)}{\sigma_x\sigma_y}+\frac{(y-\mu_y)^2}{\sigma_y^2}\right]}$$

其中 $\mu_x,\mu_y,\sigma_x,\sigma_y,r$ 是分布参数,且 $\sigma_x>0,\sigma_y>0,|r|<1$,则 $EX=\mu_x,EY=\mu_y,DX=\sigma_x^2$,$DY=\sigma_y^2,R(X,Y)=r$。

4.2 基本要求

1)理解随机变量及其函数的数学期望和方差的概念,掌握它们的性质和计算。

2)熟练掌握常见分布的数学期望和方差。

3)了解原点矩与中心矩的概念和性质,并会计算。

4)掌握协方差和相关系数的概念和性质,并会计算。

4.3 典型例题分析

例 1　设随机变量 X 的概率分布为

X	-1	0	1
p	a	b	c

且已知 $E(X^2)=0.8,DX=0.79$，求 a,b,c 的值及其函数 $Y=8X-3$ 的期望和方差。

解：(1)由概率函数的归一性知：

$$a+b+c=1 \tag{1}$$

由数学期望的定义知

$$EX=(-1)\times a+0\times b+1\times c=c-a$$

由随机变量函数的数学期望的定义知：

$$E(X^2)=(-1)^2\times a+0^2\times b+1^2\times c=a+c=0.8 \tag{2}$$

由方差的计算公式

$$DX=E(X^2)-(EX)^2=0.8-(c-a)^2=0.79 \tag{3}$$

由式(1)~(3)可得：

$$a=0.35 \quad b=0.2 \quad c=0.45 \ \text{或} \ a=0.45 \quad b=0.2 \quad c=0.35$$

(2)由上面的计算知：$EX=0.1$ 或 -0.1，由期望和方差的运算性质知

$$EY=E(8X-3)=8EX-3=-2.2 \ \text{或} \ -3.8$$

$$DY=D(8X-3)=8^2\times DX=64\times0.79=50.56$$

例 2　设二维连续型随机变量 (X,Y) 的联合概率密度为

$$f(x,y)=\begin{cases}\dfrac{1}{4}\sin x\sin y & 0\leqslant x\leqslant\pi,0\leqslant y\leqslant\pi \\ 0 & \text{其他}\end{cases}$$

求：(1)EX；(2)DX；(3)相关系数 $R(X,Y)$；(4)讨论 X 与 Y 的相关性与独立性。

解：(1)由数学期望的定义知

$$EX=\int_{-\infty}^{+\infty}\int_{-\infty}^{+\infty}xf(x,y)\mathrm{d}x\mathrm{d}y=\int_0^\pi\int_0^\pi x\frac{1}{4}\sin x\sin y\mathrm{d}x\mathrm{d}y$$

$$=\int_0^\pi x\frac{1}{4}\sin x\mathrm{d}x\int_0^\pi\sin y\mathrm{d}y=\frac{\pi}{2}$$

(2)由于

$$E(X^2)=\int_{-\infty}^{+\infty}\int_{-\infty}^{+\infty}x^2f(x,y)\mathrm{d}x\mathrm{d}y=\int_0^\pi\int_0^\pi x^2\frac{1}{4}\sin x\sin y\mathrm{d}x\mathrm{d}y$$

$$=\int_0^\pi x^2\frac{1}{4}\sin x\mathrm{d}x\int_0^\pi\sin y\mathrm{d}y=\frac{\pi^2}{2}-2$$

由方差的计算公式得

$$DX=E(X^2)-(EX)^2=\frac{\pi^2}{2}-2-\frac{\pi^2}{4}=\frac{\pi^2}{4}-2$$

(3)由于

$$E(XY) = \int_{-\infty}^{+\infty} \int_{-\infty}^{+\infty} xy f(x,y) \mathrm{d}x\mathrm{d}y = \int_0^{\pi} \int_0^{\pi} xy \frac{1}{4} \sin x \sin y \mathrm{d}x\mathrm{d}y$$

$$= \frac{1}{4} \int_0^{\pi} x \sin x \mathrm{d}x \int_0^{\pi} y \sin y \mathrm{d}y = \frac{\pi^2}{4}$$

随机变量 Y 的数学期望为

$$EY = \int_{-\infty}^{+\infty} \int_{-\infty}^{+\infty} y f(x,y) \mathrm{d}x\mathrm{d}y = \int_0^{\pi} \int_0^{\pi} y \frac{1}{4} \sin x \sin y \mathrm{d}x\mathrm{d}y = \frac{\pi}{2}$$

据协方差的计算公式得

$$\mathrm{Cov}(X,Y) = E(XY) - EX \cdot EY = \frac{\pi^2}{4} - \frac{\pi}{2} \times \frac{\pi}{2} = 0$$

从而 $R(X,Y) = \dfrac{\mathrm{Cov}(X,Y)}{\sigma_X \sigma_Y} = 0$

(4)由 $R(X,Y) = 0$ 知 X 与 Y 不相关。根据边缘概率密度的计算公式

$$f_X(x) = \int_{-\infty}^{+\infty} f(x,y) \mathrm{d}y \quad f_Y(y) = \int_{-\infty}^{+\infty} f(x,y) \mathrm{d}x$$

可得：

$$f_X(x) = \begin{cases} \dfrac{1}{2} \sin x & 0 \leqslant x \leqslant \pi \\ 0 & \text{其他} \end{cases} \qquad f_Y(y) = \begin{cases} \dfrac{1}{2} \sin y & 0 \leqslant x \leqslant \pi \\ 0 & \text{其他} \end{cases}$$

即有 $f(x,y) = f_X(x) f_Y(y)$，从而可得 X 与 Y 相互独立。

第4章　随机变量的数字特征　作业1

1. 对一目标进行射击,直到击中为止。若每次射击命中率为 p,求射击次数 X 的数学期望与方差。

2. 设某乒乓球比赛采取七局四胜制。如果两位选手实力相当,比赛要分出胜负平均要打几局?

3. 设随机变量 X 服从拉普拉斯分布,概率密度为

$$f(x) = \frac{1}{2}e^{-|x|} \qquad -\infty < x < +\infty$$

求其数学期望 EX 和方差 DX。

4. 设连续型随机变量 X 的分布函数为

$$F(x) = \begin{cases} 0 & x < 0 \\ kx + b & 0 \leqslant x < \pi \\ 1 & x \geqslant \pi \end{cases}$$

(1)确定常数 k,b 的值;(2)求 EX,DX;(3)若 $Y = \sin X$,求 EY。

5. 设随机变量 $X \sim U(a,b)$,求其 3 阶原点矩。

6. 设随机变量 $X \sim P(\lambda)$,且已知 $E\{(X-1)(X-2)\} = 1$,求参数 λ 的值。

第4章 随机变量的数字特征 作业2

1.已知(X,Y)的联合概率分布表如下表

X\Y	-1	0	1
0	0	$\frac{1}{3}$	0
1	$\frac{1}{3}$	0	$\frac{1}{3}$

求:(1)EX,EY;(2)DX;(3)$Cov(X,Y)$;(4)(X,Y)的相关性和独立性。

2.已知(X,Y)的联合概率分布表如下表

且已知 $EY=1$

X\Y	0	1	2
0	0.1	0.2	0.1
1	0.2	α	β

求:(1)常数 α,β;(2)$Z_1=X+Y$,求 EZ_1;(3)$Z_2=XY$,求 EZ_2。

3. 设随机变量 X 与 Y 相互独立,概率密度分别为
$$f_X(x)=\begin{cases}2x & 0\leqslant x\leqslant 1 \\ 0 & \text{其他}\end{cases} \qquad f_Y(y)=\begin{cases}e^{-(y-5)} & y>5 \\ 0 & \text{其他}\end{cases}$$
求 $E(XY)$。

4. 设随机变量 (X,Y) 在由直线 $y=1-x$, $y=x-1$ 及 y 轴所围成的闭区域 D 上服从均匀分布,讨论 X 与 Y 的相关性和独立性。

5. 已知随机变量 $X\sim N(1,3^2)$,随机变量 $Y\sim N(0,4^2)$,且 X 与 Y 的相关系数 $R(X,Y)=-0.5$,设 $Z=\dfrac{X}{3}+\dfrac{Y}{2}$
求:(1) Z 的数学期望和方差;(2) X 与 Z 的相关系数 $R(X,Z)$。

第 5 章　大数定理与中心极限定理

5.1 基本知识点

1.切比雪夫不等式

随机变量 X 的数学期望 EX 与方差 DX 存在,则对任意给定的正数 ε,有

$$P(|X-EX|\geqslant\varepsilon)\leqslant\frac{DX}{\varepsilon^2}$$

或

$$P(|X-EX|<\varepsilon)\geqslant1-\frac{DX}{\varepsilon^2}$$

2.依概率收敛

$X_1,\cdots,X_n$ 是一个随机变量序列,如果对于任意的正数 ε,事件 $|X_n-a|<\varepsilon$ 的概率当 $n\to\infty$ 时趋于 1,即

$$\lim_{n\to\infty}P\{|X_n-a|<\varepsilon\}=1$$

则称随机变量序列 $\{X_n\}$ 当 $n\to\infty$ 时依概率收敛于数 a,记为 $X_n\xrightarrow{P}a(n\to\infty)$。

3.大数定理

大量独立随机变量的平均结果具有稳定性。

(1)伯努利大数定理　设进行了 n 次伯努利试验,事件 A 的频率为 $f_n(A)$,A 在每次试验中发生的概率为 p,则对任意正数 ε,有

$$\lim_{n\to\infty}P(|f_n(A)-p|<\varepsilon)=1$$

即 $f_n(A)\xrightarrow{P}p=P(A)(n\to\infty)$。

(2)辛钦大数定理　设 $X_1,X_2,\cdots,X_n$ 为独立同分布的随机变量序列,且期望与方差都存在,记 $EX_i=\mu,DX_i=\sigma^2$,则对任意给定的正数 ε,有

$$\lim_{n\to\infty}P\left(\left|\frac{1}{n}\sum_{i=1}^{n}X_i-\mu\right|<\varepsilon\right)=1$$

即 $\frac{1}{n}\sum_{i=1}^{n}X_i\xrightarrow{P}\mu=EX_i(n\to\infty)$。

(3)切比雪夫大数定理　设 $X_1,X_2,\cdots,X_n$ 为独立的随机变量序列,其数学期望 EX_i 与方差 DX_i 都存在,且方差一致有上界,即存在常数 c 使得 $DX_i\leqslant c,i=1,2,\cdots,n$。则对任意正数 ε,有

$$\lim_{n\to\infty}P\left(\left|\frac{1}{n}\sum_{i=1}^{n}X_i-\frac{1}{n}\sum_{i=1}^{n}EX_i\right|<\varepsilon\right)=1$$

即 $\frac{1}{n}\sum_{i=1}^{n}X_i\xrightarrow{P}\frac{1}{n}\sum_{i=1}^{n}EX_i(n\to\infty)$。

4. 小概率事件的实际不可能性原理

概率很小的随机事件在 1 次试验或个别试验中几乎是不可能发生的。

5. 中心极限定理

凡是在一定条件下，断定随机变量序列 $X_1, X_2, \cdots, X_n$ 的部分和 $Y_n = \sum\limits_{i=1}^{n} X_i$ 的极限分布为正态分布的定理，均称为中心极限定理。

(1) 棣莫弗－拉普拉斯中心极限定理　设在独立试验序列中，事件 A 在每次试验中发生的概率为 $p(0 < p < 1)$，随机变量 $X_i(i=1,2,\cdots,n)$ 表示事件 A 在第 i 次试验中发生的次数，随机变量 Y_n 表示事件 A 在 n 次试验中发生的次数，即 $Y_n = \sum\limits_{i=1}^{n} X_i$，则有

$$\lim_{n \to \infty} P\left(\frac{Y_n - np}{\sqrt{npq}} \leqslant z \right) = \frac{1}{\sqrt{2\pi}} \int_{-\infty}^{z} e^{-\frac{t^2}{2}} dt$$

其中 z 为任意实数，且 $p + q = 1$。

棣莫弗－拉普拉斯中心极限定理的应用：若 $Y \sim B(n,p)$，则当 n 充分大时，Y 近似服从正态分布 $N(np, npq)$，有近似公式

$$P(m_1 \leqslant Y \leqslant m_2) \approx \Phi\left(\frac{m_2 - np}{\sqrt{npq}} \right) - \Phi\left(\frac{m_1 - np}{\sqrt{npq}} \right)$$

其中 m_1, m_2 为 $0, 1, 2, \cdots, n$ 中的整数。

(2) 列维中心极限定理　设 $X_1, X_2, \cdots, X_n$ 是独立同分布的随机变量序列，且其数学期望和方差都存在，即

$$EX_i = \mu \quad DX_i = \sigma^2 > 0 \quad i = 1, 2, 3 \cdots$$

则当 $n \to \infty$ 时，它们的和的极限分布是正态分布，即

$$\lim_{n \to \infty} P\left(\frac{\sum\limits_{i=1}^{n} X_i - n\mu}{\sqrt{n}\sigma} \leqslant z \right) = \frac{1}{\sqrt{2\pi}} \int_{-\infty}^{z} e^{-\frac{t^2}{2}} dt$$

其中 z 为任意实数。

列维中心极限定理的应用：若 $X_1, X_2, \cdots, X_n$ 独立同分布，且数学期望与方差都存在

$$EX_i = \mu \quad DX_i = \sigma^2 > 0 \quad i = 1, 2, 3 \cdots, n$$

则当 n 充分大时，$\sum\limits_{i=1}^{n} X_i$ 近似服从正态分布 $N(n\mu, n\sigma^2)$，有近似公式

$$P\left(x_1 \leqslant \sum\limits_{i=1}^{n} X_i \leqslant x_2 \right) \approx \Phi\left(\frac{x_2 - n\mu}{\sqrt{n}\sigma} \right) - \Phi\left(\frac{x_1 - n\mu}{\sqrt{n}\sigma} \right)$$

其中 x_1, x_2 为任何实数。

(3) 林德伯格中心极限定理　设 $X_1, \cdots, X_n$ 为独立随机变量序列，并且数学期望与方差都存在

$$EX_i = \mu_i \quad DX_i = \sigma_i^2 > 0 \quad i = 1, 2, 3 \cdots$$

设 $Y_n = \sum\limits_{i=1}^{n} X_i$，则 $EY_n = \sum\limits_{i=1}^{n} EX_i = \sum\limits_{i=1}^{n} \mu_i$，记 $DY_n = \sum\limits_{i=1}^{n} DX_i = \sum\limits_{i=1}^{n} \sigma_i^2 = s_n^2$，令

$$Z_n = \frac{Y_n - EY_n}{\sqrt{DY_n}} = \frac{\sum\limits_{i=1}^{n} X_i - \sum\limits_{i=1}^{n} \mu_i}{S_n} = \frac{1}{S_n} \sum\limits_{i=1}^{n} (X_i - \mu_i)$$

如果 $X_1, \cdots, X_n$ 满足林德伯格条件,对任意正数 ε,有

$$\lim_{n \to \infty} \frac{1}{S_n^2} \sum_{i=1}^{n} \int_{|x-\mu_i|>\varepsilon_n} (x-\mu_i)^2 f_i(x) \mathrm{d}x = 0$$

其中 $f_i(x)$ 是随机变量 X_i 的概率密度,则当 $n \to \infty$ 时,有

$$\lim_{n \to \infty} P(Z_n \leqslant z) = \frac{1}{\sqrt{2\pi}} \int_{-\infty}^{z} \mathrm{e}^{-\frac{t^2}{2}} \mathrm{d}t$$

其中 z 为任意实数。

5.2 基本要求

1)掌握切比雪夫不等式的两种形式,并会用切比雪夫不等式估计随机事件发生的概率。

2)了解三个伯努利大数定律、辛钦大数定理以及切比雪夫大数定理的内容和结论。

3)了解棣莫弗-拉普拉斯中心极限定理、列维中心极限定理以及林德伯格中心极限定理,并会用正态分布作近似计算。

5.3 典型例题分析

例1 一生产线生产的产品成箱包装,每箱的重量是随机的。假设每箱平均重 50kg,标准差为 5kg。若用最大载重量为 5t 的汽车承运,试利用中心极限定理说明每辆车最多可以装多少箱,才能保障不超载的概率大于 0.9772?($\Phi(2)=0.9772$)。

解:设满足要求的箱数为 n,X_i 表示第 i 箱产品的重量,$i=1,2,\cdots,n$,则 $X_1, \cdots, X_n$ 可以看作是独立同分布的随机变量序列,且 $EX_i=50, DX_i=25, i=1,2,\cdots,n$。由列维中心极限定理知 $\sum\limits_{i=1}^{n} X_i$ 近似服从正态分布 $N(50n, 25n)$,所以

$$P(\sum_{i=1}^{n} X_i \leqslant 5000) \geqslant 0.977 \Rightarrow \Phi\left(\frac{5000-50n}{5\sqrt{n}}\right) > \Phi(2) \Rightarrow \frac{5000-50n}{5\sqrt{n}} > 2$$

即解不等式

$$25n^2 - 5001n + 250000 > 0,$$

解得 $n < 98.02$ 或 $n > 102.02$(舍去),即最多可以装 98 箱。

例2 设 $X_1, X_2, \cdots, X_n$ 为独立同分布的随机变量列,且均服从参数为 $\lambda(\lambda>1)$ 的指数分布,记 $\Phi(x)$ 为标准正态分布函数,则( )

(A) $\lim\limits_{n \to \infty} P\left[\dfrac{\sum\limits_{i=1}^{n} X_i - n\lambda}{\lambda\sqrt{n}} \leqslant x\right] = \Phi(x)$ (B) $\lim\limits_{n \to \infty} P\left[\dfrac{\sum\limits_{i=1}^{n} X_i - n\lambda}{\sqrt{\lambda n}} \leqslant x\right] = \Phi(x)$

(C) $\lim\limits_{n \to \infty} P\left[\dfrac{\lambda\sum\limits_{i=1}^{n} X_i - n}{\sqrt{n}} \leqslant x\right] = \Phi(x)$ (D) $\lim\limits_{n \to \infty} P\left[\dfrac{\sum\limits_{i=1}^{n} X_i - \lambda}{\sqrt{n\lambda}} \leqslant x\right] = \Phi(x)$

解:由已知可得 $E(X_i)=\dfrac{1}{\lambda}, D(X_i)=\dfrac{1}{\lambda^2}$ $i=1,2,\cdots$

$$E(\sum_{i=1}^{n} X_i) = \sum_{i=1}^{n} E(X_i) = \frac{n}{\lambda} \qquad D(\sum_{i=1}^{n} X_i) = \sum_{i=1}^{n} D(X_i) = \frac{n}{\lambda^2}$$

根据列维中心极限定理可知

$$\lim_{n\to\infty} P\left(\frac{\sum_{i=1}^{n} X_i - \dfrac{n}{\lambda}}{\dfrac{\sqrt{n}}{\lambda}} \leqslant x\right) = \lim_{n\to\infty} P\left(\frac{\lambda\sum_{i=1}^{n} X_i - n}{\sqrt{n}} \leqslant x\right) = \Phi(x)$$

故选 C。

第5章 大数定理与中心极限定理 作业

1.利用切比雪夫不等式估计随机变量 X 与其数学期望的差的绝对值大于三倍标准差的概率。

2.设随机变量 X 与 Y 的数学期望分别为 -2 和 2,方差分别为 1 和 4,而相关系数为 -0.5,试利用切比雪夫不等式估计概率 $P(|X+Y|\geqslant 6)$。

3.对一枚匀称的硬币,至少要掷多少次才能使正面出现的概率在 $0.4\sim 0.6$ 之间的概率不小于 0.9? 试用下列两种方法确定:(1)用切比雪夫不等式确定。(2)用中心极限定理确定。

4. 某保险公司经多年的资料统计表明,在索赔户中被盗户占 20%,在随意抽查的 100 家索赔户中被盗的索赔户数为随机变量 X。

(1)写出 X 的概率分布;

(2)利用棣莫弗-拉普拉斯中心极限定理,求被盗的索赔户不少于 14 户且不多于 30 户的概率的近似值。

5. 一加法器同时收到 20 个噪声电压 $V_k (k=1,2,\cdots20)$,设它们是相互独立的随机变量,且都在区间 $[0,10]$ 上服从均匀分布。记 $V=\sum\limits_{i=1}^{20}V_k$,求 $P\{V>105\}$ 的近似值。

第6章 数理统计的基础知识

6.1 基本知识点

1.数理统计的基本概念

(1)定义

①总体:研究对象的全体为总体。

②个体:总体中的每个元素。

③样本:从总体中抽取一部分个体。

④样本容量:样本中所包含的个体数量。

(2)简单随机样本 $X_1,X_2,\cdots,X_n$ 满足以下两个条件:

1)$X_1,X_2,\cdots,X_n$ 与总体服从相同的分布。

2)$X_1,X_2,\cdots,X_n$ 相互独立。

(3)样本分布函数

$$F_n(x)=f_n(X\leqslant x),\text{且} F_n(x)\xrightarrow{P}F(x)(n\rightarrow\infty)$$

(4)上 α 分位数($0<\alpha<1$)

连续型随机变量 X 的概率密度为 $f(x)$,其上 α 分位数 x_α 满足等式

$$P(X\geqslant x_\alpha)=\int_{x_\alpha}^{+\infty}f(x)\mathrm{d}x=\alpha$$

2.统计量

(1)统计量:不含有任何未知量的样本函数 $g(X_1,X_2,\cdots,X_n)$。

(2)设 $X_1,X_2,\cdots,X_n$ 为来自总体 X 的一组样本,常用统计量有

1)样本均值 $\overline{X}=\dfrac{1}{n}\sum\limits_{i=1}^{n}X_i$

2)样本方差 $S^2=\dfrac{1}{n-1}\sum\limits_{i=1}^{n}(X_i-\overline{X})^2$

3)样本标准差 $S=\sqrt{\dfrac{1}{n-1}\sum\limits_{i=1}^{n}(X_i-\overline{X})^2}$

4)样本 k 阶原点矩 $A_k=\dfrac{1}{n}\sum\limits_{i=1}^{n}X_i^k$

5)样本 k 阶中心矩 $B_k=\dfrac{1}{n}\sum\limits_{i=1}^{n}(X_i-\overline{X})^k$

3.数理统计中的常用分布

(1)χ^2 分布

$$\left.\begin{array}{l}X_i\sim N(0,1),i=1,2,\cdots,n\\ X_1,X_2,\cdots,X_n \text{相互独立}\end{array}\right\}\Rightarrow\chi^2=X_1^2+X_2^2+\cdots+X_n^2\sim\chi^2(n)$$

（2）t 分布（"学生"分布）

$$\left.\begin{array}{l} X \sim N(0,1) \\ Y \sim X^2(k) \\ X \text{ 与 } Y \text{ 相互独立} \end{array}\right\} \Rightarrow T = \frac{X}{\sqrt{Y/k}} \sim t(k)$$

（3）F 分布

$$\left.\begin{array}{l} X \sim X^2(k_1) \\ Y \sim X^2(k_2) \\ X \text{ 与 } Y \text{ 相互独立} \end{array}\right\} \Rightarrow F = \frac{X/k_1}{Y/k_2} \sim F(k_1,k_2)$$

4. 正态总体统计量的分布

（1）单个正态总体的统计量的分布　总体 $X \sim N(\mu,\sigma^2)$，$X_1,X_2,\cdots,X_n$ 为来自总体的简单随机样本，其样本均值与样本方差分别是

$$\overline{X} = \frac{1}{n}\sum_{i=1}^{n}X_i, \quad S^2 = \frac{1}{n-1}\sum_{i=1}^{n}(X_i-\overline{X})^2$$

则

1）$\overline{X} \sim N(\mu,\frac{\sigma^2}{n})$

2）$u = \dfrac{\overline{X}-\mu}{\sigma/\sqrt{n}} \sim N(0,1)$

3）$\chi^2 = \dfrac{1}{\sigma^2}\sum_{i=1}^{n}(X_i-\mu)^2 \sim \chi^2(n)$

4）样本均值 $\overline{X}$ 与样本方差 S^2 独立，且 $\chi^2 = \dfrac{(n-1)S^2}{\sigma^2} = \dfrac{1}{\sigma^2}\sum_{i=1}^{n}(X_i-\overline{X})^2 \sim \chi^2(n-1)$

5）$T = \dfrac{\overline{X}-\mu}{S/\sqrt{n}} \sim t(n-1)$

（2）双正态总体统计量的分布　设 $X \sim N(\mu_1,\sigma_1^2)$ 与 $Y \sim N(\mu_2,\sigma_2^2)$ 是两个相互独立的正态总体，又设 $X_1,X_2,\cdots,X_{n_1}$ 是取自总体 X 的样本，$\overline{X}$ 与 S_1^2 分别为该总体的样本均值和样本方差；$Y_1,Y_2,\cdots,Y_{n_2}$ 是取自总体 Y 的样本，$\overline{Y}$ 与 S_2^2 分别为该总体的样本均值和样本方差。再记 S_w^2 为

$$S_w^2 = \frac{(n_1-1)S_1^2+(n_2-1)S_2^2}{n_1+n_2-2}$$

则

1）$U = \dfrac{(\overline{X}-\overline{Y})-(\mu_1-\mu_2)}{\sqrt{\dfrac{\sigma_1^2}{n_1}+\dfrac{\sigma_2^2}{n_2}}} \sim N(0,1)$

2）当 $\sigma_1^2 = \sigma_2^2 = \sigma^2$ 时，$T = \dfrac{(\overline{X}-\overline{Y})-(\mu_1-\mu_2)}{S_w\sqrt{\dfrac{1}{n_1}+\dfrac{1}{n_2}}} \sim t(n_1+n_2-2)$

3）$F = \dfrac{\sum\limits_{i=1}^{n_1}(X_i-\mu_1)^2/(n_1\sigma_1^2)}{\sum\limits_{j=1}^{n_2}(Y_j-\mu_2)^2/(n_2\sigma_2^2)} \sim F(n_1,n_2)$

4) $F = \dfrac{S_1^2 / \sigma_1^2}{S_2^2 / \sigma_2^2} \sim F(n_1 - 1, n_2 - 1)$

6.2 基本要求

1) 理解总体、个体、简单随机样本、分位数和统计量的概念以及样本分布函数的实际意义，掌握样本均值、样本方差观测值的计算。

2) 掌握 χ^2 分布、T 分布和 F 分布的定义及性质，会查分位数表并计算相应概率。

3) 掌握单个正态总体统计量的分布，了解双正态总体统计量的分布。

6.3 典型例题分析

例 1　设随机变量 $X \sim N(0,1)$，对给定的 $\alpha (0 < \alpha < 1)$，数 u_α 满足 $P(X > u_\alpha) = \alpha$。若 $P(|X| < x) = \alpha$，则 $x = (\qquad)$

(A) $u_{\frac{\alpha}{2}}$　　　(B) $u_{1-\frac{\alpha}{2}}$　　　(C) $u_{\frac{1-\alpha}{2}}$　　　(D) $u_{1-\alpha}$

解：由 $P(X > u_\alpha) = \alpha$ 可得 $P(X > u_{\frac{1-\alpha}{2}}) = \dfrac{1-\alpha}{2}$，从而有

$$P(|X| < u_{\frac{1-\alpha}{2}}) = 1 - 2 \times \frac{1-\alpha}{2} = \alpha$$

所以 $x = u_{\frac{1-\alpha}{2}}$，选 C。

例 2　已知 $X \sim F(k_1, k_2)$，且 $Y = \dfrac{1}{X}$，试证明：$Y \sim F(k_1, k_2)$，且

$$F_\alpha(k_1, k_2) = \frac{1}{F_{1-\alpha}(k_2, k_1)}$$

证明：由已知 $X \sim F(k_1, k_2)$，根据 F 分布的定义可知存在 $X_1 \sim \chi^2(k_1)$，$X_2 \sim \chi^2(k_2)$，且 X_1 与 X_2 相互独立，使得

$$X = \frac{X_1 / k_1}{X_2 / k_2}$$

而此时

$$Y = \frac{1}{X} = \frac{X_2 / k_2}{X_1 / k_1}$$

由 F 分布的定义可知 $Y \sim F(k_2, k_1)$。

对于 X 来说，由上 α 分位数的定义可知，对于给定的 $\alpha (0 < \alpha < 1)$

$$P\{X \geqslant F_\alpha(k_1, k_2)\} = \alpha$$

从而可得

$$P\left\{\frac{1}{X} \leqslant \frac{1}{F_\alpha(k_1, k_2)}\right\} = \alpha$$

即

$$P\left\{Y \leqslant \frac{1}{F_\alpha(k_1, k_2)}\right\} = \alpha$$

所以得

$$P\left\{Y \geqslant \frac{1}{F_\alpha(k_1, k_2)}\right\} = 1 - \alpha \tag{1}$$

对于 Y 来说,对于给定的 α,

$$P\{Y \geqslant F_{1-\alpha}(k_2,k_1)\} = 1-\alpha \qquad (2)$$

比较式(1)与式(2)可得 $\dfrac{1}{F_\alpha(k_1,k_2)} = F_{1-\alpha}(k_2,k_1)$,即 $F_\alpha(k_1,k_2) = \dfrac{1}{F_{1-\alpha}(k_2,k_1)}$。

例3 设 $X_1,X_2,\cdots,X_n(n>2)$ 为来自总体 $N(0,1)$ 的简单随机样本,$\overline{X}$ 为样本均值,记 $Y_i = X_i - \overline{X}, i=1,2,\cdots,n$。求 Y_i 的方差 $D(Y_i), i=1,2,\cdots,n$。

解: 由 $Y_i = X_i - \overline{X} = X_i - \dfrac{1}{n}\sum_{i=1}^{n} X_i = \dfrac{n-1}{n}X_i - \dfrac{1}{n}(X_1+\cdots+X_{i-1}+X_{i+1}+\cdots+X_n)$ 得

$$DY_i = D\left[\frac{n-1}{n}X_i - \frac{1}{n}(X_1+\cdots+X_{i-1}+X_{i+1}+\cdots+X_n)\right]$$

$$= \left(\frac{n-1}{n}\right)^2 DX_i + \frac{1}{n^2}(DX_1+\cdots+DX_{i-1}+DX_{i+1}+\cdots+DX_n)$$

$$= \frac{(n-1)^2}{n^2} + \frac{1}{n^2}(n-1) = \frac{n-1}{n}$$

第6章　数理统计的基础知识　作业

1. 已知 $X_1 \sim N(0, 2^2)$，$X_2 \sim N(0, 3^2)$，且 X_1 与 X_2 相互独立，$Y = aX_1^2 + bX_2^2$，则当
   $a = $ ＿＿＿＿＿＿，$b = $ ＿＿＿＿＿＿ 时，$Y \sim \chi^2(2)$。

2. 试证明：若随机变量 $X \sim t(n)$，且 $Y = X^2$，则 $Y \sim F(1, n)$。

3. 设总体 $X \sim N(\mu, \sigma^2)$，从总体 X 中抽取容量为 9 的样本，其样本均值为 $\overline{X}$，求概率
   $P(|\overline{X} - \mu| < 3)$，如果：(1) 已知 $\sigma^2 = 36$；(2) 未知 σ^2，但已知样本方差的观测值 $s^2 = $
   41.5042。

4. 设总体 $X \sim N(\mu, \sigma^2)$, $X_1, X_2, \cdots, X_{16}$ 是来自总体 X 的简单随机样本, 其样本均值为 $\overline{X}$, 求

概率: (1) $P\left\{\dfrac{\sigma^2}{2} \leqslant \dfrac{1}{16}\sum_{i=1}^{16}(X_i-\mu)^2 \leqslant 2\sigma^2\right\}$; (2) $P\left\{0.6875\sigma^2 \leqslant \dfrac{1}{16}\sum_{i=1}^{16}(X_i-\overline{X})^2 \leqslant 1.5625\sigma^2\right\}$。

5. 对于一类导弹发射装置, 弹着点偏离目标中心的距离服从正态分布 $N(\mu, \sigma^2)$, 已知总体方差 $\sigma^2 = 100\text{m}^2$, 现在进行了 25 次发射试验, S^2 记为这 25 次试验中弹着点偏离目标中心的距离的样本方差, 试求 S^2 超过 50m^2 的概率。

第 7 章　参数估计

7.1 基本知识点

(1)矩估计　令总体 k 阶原点矩 $m_k=$ 样本 k 阶原点矩 A_k, $k=1,2,3\cdots,n$。

(2)极大似然估计　选择参数取值,使样本发生可能性最大。先写出似然函数 $L(\theta)$,使得 $L(\theta)$ 取最大时的 θ 为极大似然估计。一般步骤为

1)写出似然函数

$$L(\theta)=\begin{cases}\prod\limits_{i=1}^{n}p(x_i,\theta) & 总体\ X\ 为离散型,p(x_i,\theta)=p(X=x_i),i=1,2,\cdots,n\\[2mm]\prod\limits_{i=1}^{n}f(x_i,\theta) & 总体\ X\ 为连续型,f(x,\theta)是总体\ X\ 的概率密度\end{cases}$$

2)取对数。

3)求导。

4)解方程。

(3)估计量的评选标准

1)无偏性:$E(\hat{\theta})=\theta$。

2)有效性:在无偏估计中,方差较小者为有效。

3)一致性:$n\rightarrow\infty$时,估计量 $\hat{\theta}$ 依概率收敛于真值 θ。

(4)区间估计

1)单个正态总体的均值的区间估计

①方差 σ^2 已知,μ 的置信度为 $1-\alpha$ 的置信区间为 $\left[\overline{X}-u_{\frac{\alpha}{2}}\dfrac{\sigma}{\sqrt{n}},\overline{X}+u_{\frac{\alpha}{2}}\dfrac{\sigma}{\sqrt{n}}\right]$

②方差 σ^2 未知,μ 的置信度为 $1-\alpha$ 的区间估计为 $\left[\overline{X}-t_{\frac{\alpha}{2}}(n-1)\dfrac{S}{\sqrt{n}},\overline{X}+t_{\frac{\alpha}{2}}(n-1)\dfrac{S}{\sqrt{n}}\right]$

2)单个正态总体方差的区间估计

①μ 已知,方差 σ^2 的置信度为 $1-\alpha$ 的置信区间为 $\left[\dfrac{\sum\limits_{i=1}^{n}(X_i-\mu)^2}{\chi^2_{\frac{\alpha}{2}}(n)},\dfrac{\sum\limits_{i=1}^{n}(X_i-\mu)^2}{\chi^2_{1-\frac{\alpha}{2}}(n)}\right]$

②μ 未知,方差 σ^2 的置信度为 $1-\alpha$ 的置信区间为 $\left[\dfrac{(n-1)S^2}{\chi^2_{\frac{\alpha}{2}}(n-1)},\dfrac{(n-1)S^2}{\chi^2_{1-\frac{\alpha}{2}}(n-1)}\right]$

3)两个正态总体 $N(\mu_1{}^2,\sigma_1^2),N(\mu_2{}^2,\sigma_2^2)$ 的均值差

①σ_1^2,σ_2^2 均为已知,$\mu_1-\mu_2$ 的置信度为 $1-\alpha$ 的置信区间为

$$\left[\overline{X}-\overline{Y}\pm u_{\frac{\alpha}{2}}\sqrt{\dfrac{\sigma_1^2}{n_1}+\dfrac{\sigma_2^2}{n_2}}\right]$$

② $\sigma_1^2 = \sigma_2^2 = \sigma^2$ 未知，$\mu_1 - \mu_2$ 的置信度为 $1 - \alpha$ 的置信区间为

$$\left[\overline{X} - \overline{Y} \pm t_{\frac{\alpha}{2}}(n_1 + n_2 - 2) S_w \sqrt{\frac{1}{n_1} + \frac{1}{n_2}} \right]$$

4) 两个总体 $N(\mu_1{}^2, \sigma_1^2), N(\mu_2{}^2, \sigma_2^2)$ 方差比 σ_1^2/σ_2^2 的置信区间

① μ_1, μ_2 已知，σ_1^2/σ_2^2 的置信度为 $1 - \alpha$ 的置信区间为

$$\left[\frac{\sum\limits_{i=1}^{n_1}(X_i - \mu_1)^2/n_1}{F_{\frac{\alpha}{2}}(n_1, n_2)\sum\limits_{i=1}^{n_2}(Y_i - \mu_2)^2/n_2}, \frac{\sum\limits_{i=1}^{n_1}(X_i - \mu_1)^2/n_1}{F_{1-\frac{\alpha}{2}}(n_1, n_2)\sum\limits_{i=1}^{n_2}(Y_i - \mu_2)^2/n_2} \right]$$

② μ_1, μ_2 未知，σ_1^2/σ_2^2 的一个置信度为 $1 - \alpha$ 的置信区间为

$$\left[\frac{S_1^2}{S_2^2} \frac{1}{F_{\alpha/2}(n_1 - 1, n_2 - 1)}, \frac{S_1^2}{S_2^2} \frac{1}{F_{1-\alpha/2}(n_1 - 1, n_2 - 1)} \right]$$

7.2 基本要求

1) 掌握矩估计、极大似然估计方法；掌握无偏性、有效性及其判断；掌握单个正态总体的均值及方差的区间估计。

2) 了解一致性的概念，了解两个正态总体的均值差和方差比的区间估计，了解单侧置信区间。

7.3 典型例题分析

例1 设总体 X 服从拉普拉斯分布，其概率密度为

$$f(x) = \frac{1}{2\theta} e^{-\frac{|x|}{\theta}} \quad -\infty < x < +\infty$$

其中 $\theta > 0$ 是未知参数。如果取得样本观测值为 $x_1, x_2, \cdots, x_n$，求参数 θ 的矩估计值。

解： 总体的一阶原点矩为

$$m_1 = EX = \int_{-\infty}^{+\infty} x f(x) \mathrm{d}x = \int_{-\infty}^{+\infty} x \frac{1}{2\theta} e^{-\frac{|x|}{\theta}} \mathrm{d}x = \frac{1}{2\theta} \int_{-\infty}^{+\infty} x e^{-\frac{|x|}{\theta}} \mathrm{d}x$$

而对于积分 $\int_0^{+\infty} x e^{-\frac{x}{\theta}} \mathrm{d}x$，令 $\frac{x}{\theta} = t$，则

$$\int_0^{+\infty} x e^{-\frac{x}{\theta}} \mathrm{d}x = \theta^2 \int_0^{+\infty} t e^{-t} \mathrm{d}t = \theta^2 \Gamma(2) = \theta^2$$

所以积分 $\int_{-\infty}^{+\infty} x e^{-\frac{|x|}{\theta}} \mathrm{d}x$ 收敛，从而可得总体的一阶原点矩 $m_1 = 0$。由于 m_1 中不含有未知参数 θ，不能建立关于 θ 的方程。此时需要考虑总体的二阶原点矩

$$m_2 = E(X^2) = \int_{-\infty}^{+\infty} x^2 f(x) \mathrm{d}x = \int_{-\infty}^{+\infty} x^2 \frac{1}{2\theta} e^{-\frac{|x|}{\theta}} \mathrm{d}x = \frac{1}{\theta} \int_0^{+\infty}$$

令 $\frac{x}{\theta} = t$ 可得

$$m_2 = \frac{1}{\theta} \int_0^{+\infty} x^2 e^{-\frac{x}{\theta}} \mathrm{d}x = \theta^2 \int_0^{+\infty} t^2 e^{-t} \mathrm{d}t = \theta^2 \Gamma(3) = 2\theta^2$$

而样本的二阶原点矩为 $a_2 = \frac{1}{n} \sum\limits_{i=1}^{n} x_i^2$，令 $m_2 = a_2$ 可得

$$2\theta^2 = \frac{1}{n}\sum_{i=1}^{n}x_i^2$$

解得 θ 的矩估计值为 $\hat{\theta} = \sqrt{\frac{1}{2n}\sum_{i=1}^{n}x_i^2}$。

例 2 设总体 $X \sim U(\theta, \theta+1)$，$x_1, x_2, \cdots, x_n$ 是来自总体的一组样本观测值，其中未知参数 $\theta \in \mathbf{R}$，求 θ 的极大似然估计值。

解：由总体 $X \sim U(\theta, \theta+1)$ 知 X 的概率密度为

$$f(x;\theta) = \begin{cases} 1 & \theta \leqslant x \leqslant \theta+1 \\ 0 & 其他 \end{cases}$$

所以似然函数为

$$L(\theta) = \prod_{i=1}^{n}f(x_i;\theta) = 1$$

其中 $\theta \leqslant x_1, x_2, \cdots, x_n \leqslant \theta+1$。此时似然函数求导恒为 0，且不是单调函数。注意到 $\theta \leqslant x_1, x_2, \cdots, x_n \leqslant \theta+1$ 等价于 $\theta \leqslant \min_{1 \leqslant i \leqslant 1}x_i$ 且 $\theta \geqslant \max_{1 \leqslant i \leqslant 1}x_i - 1$，由于 $\max_{1 \leqslant i \leqslant 1}x_i - 1 \leqslant \min_{1 \leqslant i \leqslant 1}x_i$，所以它们之间的任何值都可以作为 θ 的极大似然估计值，比如 $\hat{\theta}_1 = \min_{1 \leqslant i \leqslant 1}x_i$，$\hat{\theta}_2 = \max_{1 \leqslant i \leqslant 1}x_i - 1$，$\hat{\theta}_3 = \frac{1}{2}(\hat{\theta}_1 + \hat{\theta}_2)$ 都是 θ 的极大似然估计值。

注意：这个例子说明参数的极大似然估计存在时不一定唯一。

例 3 设 $\hat{\theta}_1$ 和 $\hat{\theta}_2$ 分别是参数 θ 的两个独立的无偏估计量，且 $\hat{\theta}_1$ 的方差是 $\hat{\theta}_2$ 的方差的 4 倍，则当 $k_1 = $ _____，$k_2 = $ _____ 时，$k_1\hat{\theta}_1 + k_2\hat{\theta}_2$ 是 θ 的无偏估计量，并且在所有这样的线性估计中方差最小。

解：由 $\hat{\theta}_1$ 和 $\hat{\theta}_2$ 都是 θ 的无偏估计可知 $E\hat{\theta}_1 = E\hat{\theta}_2 = \theta$，又由 $k_1\hat{\theta}_1 + k_2\hat{\theta}_2$ 是 θ 的无偏估计可知

$$E(k_1\hat{\theta}_1 + k_2\hat{\theta}_2) = k_1E\hat{\theta}_1 + k_2E\hat{\theta}_2 = (k_1 + k_2)\theta = \theta$$

所以得 $k_1 + k_2 = 1$。而由 $\hat{\theta}_1$ 和 $\hat{\theta}_2$ 相互独立可得 $k_1\hat{\theta}_1 + k_2\hat{\theta}_2$ 的方差为

$$D(k_1\hat{\theta}_1 + k_2\hat{\theta}_2) = k_1^2D\hat{\theta}_1 + k_2^2D\hat{\theta}_2 = 4k_1^2D\hat{\theta}_2 + k_2^2D\hat{\theta}_2 = [4k_1^2 + (1-k_1)^2]D\hat{\theta}_2$$
$$= (5k_1^2 - 2k_1 + 1)D\hat{\theta}_2 = \left[5\left(k_1 - \frac{1}{5}\right)^2 + \frac{4}{5}\right]D\hat{\theta}_2$$

所以当 $k_1 = \frac{1}{5}$ 时，$D(k_1\hat{\theta}_1 + k_2\hat{\theta}_2)$ 最小，此时 $k_2 = \frac{4}{5}$。

例 4 设总体 X 服从正态分布 $N(\mu, 10)$，要使总体均值 μ 对应于置信度 0.95 的置信区间的长度不大于 $l = 0.196$，问应抽取多大容量的样本？

解：由于总体 $X \sim N(\mu, 10)$，方差 $\sigma^2 = 10$ 已知，μ 是待估参数。此时 μ 的置信度为 $1-\alpha$ 的置信区间为 $\left[\overline{X} \pm \frac{\sigma}{\sqrt{n}}u_{\frac{\alpha}{2}}\right]$，它的长度是 $2\frac{\sigma}{\sqrt{n}}u_{\frac{\alpha}{2}}$，依题意 $2\frac{\sigma}{\sqrt{n}}u_{\frac{\alpha}{2}} \leqslant l$，解得 $n \geqslant \frac{4\sigma^2}{l^2}u_{\frac{\alpha}{2}}^2$，这里 $\sigma^2 = 10$，$l = 0.196$，$u_{0.025} = 1.96$，代入得 $n \geqslant 4000$。

例 5 假设 $0.50, 1.25, 0.80, 2.00$ 是来自总体 X 的简单随机样本值。已知 $Y = \ln X$ 服从正态分布 $N(\mu, 1)$。(1) 求 X 的数学期望 EX（记 $EX = b$）；(2) 求 μ 的置信度为 0.95 的置

信区间;(3)利用上述结果求 b 的置信度为 0.95 的置信区间。

解:(1)Y 的概率密度为 $f(y)=\dfrac{1}{\sqrt{2\pi}}e^{-\frac{(y-\mu)^2}{2}}$, $y\in\mathbf{R}$

于是,令 $t=y-\mu$

$$b=EX=E(e^Y)=\frac{1}{\sqrt{2\pi}}\int_{-\infty}^{+\infty}e^y e^{-\frac{(y-\mu)^2}{2}}\mathrm{d}y$$

$$=\frac{1}{\sqrt{2\pi}}\int_{-\infty}^{+\infty}e^{t+\mu}e^{-\frac{1}{2}t^2}\mathrm{d}t=e^{\frac{1}{2}+\mu}\int_{-\infty}^{+\infty}\frac{1}{\sqrt{2\pi}}e^{-\frac{1}{2}(t-1)^2}\mathrm{d}t=e^{\frac{1}{2}+\mu}$$

(2)当置信度 $1-\alpha=0.95$ 时,$\alpha=0.05$,由 $Y\sim N(\mu,1)$,参数 μ 的置信度为 0.95 的置信区间为 $\left[\bar{y}\pm\dfrac{1}{\sqrt{4}}u_{0.025}\right]$,而

$$\bar{y}=\frac{1}{4}(\ln0.5+\ln0.8+\ln1.25+\ln2)=\frac{1}{4}\ln1=0 \quad u_{0.025}=1.96$$

代入可得 μ 的置信度为 0.95 的置信区间为 $[-0.98,0.98]$。

(3)e^x 是严格单调增加的,由(2)知

$$P(-0.98\leqslant\mu\leqslant0.98)=0.95$$

从而可得

$$P(e^{\frac{1}{2}-0.98}\leqslant e^{\frac{1}{2}+\mu}\leqslant e^{\frac{1}{2}+0.98})=0.95$$

可见 b 的置信度为 0.95 的置信区间为 $[e^{-0.48},e^{1.48}]$。

第7章　参数估计　作业

1. 设总体 X 服从几何分布,分布为 $P(X=x)=p(1-p)^{x-1}$, $x=1,2,3,\cdots,n$。取得样本观测值为 $x_1,x_2,\cdots,x_n$,求参数 p 的矩估计值与极大似然估计值。

2. 设总体 X 的概率密度为 $f(x)=\begin{cases}(\theta+1)x^{\theta} & 0<x<1 \\ 0 & \text{其他}\end{cases}$,其中 $\theta>-1$ 是未知参数,

$X_1,X_2,\cdots,X_n$ 是来自总体 X 的一个简单随机样本,求 θ 的矩估计与极大似然估计。

3. 设 $X_1, X_2, \cdots, X_n$ 为来自总体 X 的样本,$\hat{\sigma}^2 = k \sum_{i=1}^{n-1} (X_{i+1} - X_i)^2$ 是总体方差 σ^2 的无偏估计,求常数 k 的值。

4. 由取自正态总体 $X \sim N(\mu, \sigma^2)$,容量为 9 的样本,若得到样本均值为 $\bar{x} = 5$,在下面两种情况下求未知参数 μ 的置信度为 0.95 的置信区间:(1)$\sigma^2 = 0.9^2$;(2)σ 未知,$S^2 = 1$。

第8章 假设检验

8.1 基本知识点

1.假设检验中的常用术语

(1)原假设和备择假设 在假设检验中,被检验的假设叫做原假设,记为 H_0,其对立面叫做备择假设,记为 H_1。

(2)检验统计量与拒绝域

1)检验统计量:检验一个假设时所用的统计量。

2)拒绝域 R_a:使原假设被拒绝的统计量的观测值所在的区域。

2.假设检验中的两类错误

1)第一类错误(弃真):H_0 正确,但被否定了。

2)第二类错误(纳伪):H_0 不正确,但被接受了。

3.假设检验的一般步骤如下:

1)根据问题要求,提出待检验的假设 H_0 及备择假设 H_1。

2)在 H_0 成立的条件下,选择检验统计量 $T(X_1, X_2, \cdots, X_n)$ 并确定其分布。

3)在显著性水平 α 下,确定 H_0 的拒绝域 R_a,若检验统计量的观测值落入拒绝域 R_a,则拒绝 H_0,否则接受 H_0。

4.常见假设检验总表

单个正态总体均值、方差的假设检验(显著性水平 α)

原假设 H_0		检验统计量	H_0 为真时统计量的分布	备择假设 H_1	拒绝域
σ^2 已知	$\mu \leqslant \mu_0$	$U = \dfrac{\overline{X} - \mu_0}{\sigma/\sqrt{n}}$	$N(0,1)$	$\mu > \mu_0$	$u > u_\alpha$
	$\mu \geqslant \mu_0$			$\mu < \mu_0$	$u < -u_\alpha$
	$\mu = \mu_0$			$\mu \neq \mu_0$	$\|u\| > u_{\frac{\alpha}{2}}$
σ^2 未知	$\mu \leqslant \mu_0$	$T = \dfrac{\overline{X} - \mu_0}{S/\sqrt{n}}$	$t(n-1)$	$\mu > \mu_0$	$t > t_\alpha(n-1)$
	$\mu \geqslant \mu_0$			$\mu < \mu_0$	$t < -t_\alpha(n-1)$
	$\mu = \mu_0$			$\mu \neq \mu_0$	$\|t\| > t_{\frac{\alpha}{2}}(n-1)$
μ 已知	$\sigma^2 \leqslant \sigma_0^2$	$\chi^2 = \dfrac{1}{\sigma_0^2} \sum\limits_{i=1}^{n} (X_i - \mu)^2$	$\chi^2(n)$	$\sigma^2 > \sigma_0^2$	$\chi^2 > \chi_\alpha^2(n)$
	$\sigma^2 \geqslant \sigma_0^2$			$\sigma^2 < \sigma_0^2$	$\chi^2 < \chi_{1-\alpha}^2(n)$
	$\sigma^2 = \sigma_0^2$			$\sigma^2 \neq \sigma_0^2$	$\chi^2 > \chi_{\frac{\alpha}{2}}^2(n)$ 或 $\chi^2 < \chi_{1-\frac{\alpha}{2}}^2(n)$

（续）

原假设 H_0		检验统计量	H_0为真时统计量的分布	备择假设 H_1	拒绝域
μ 未知	$\sigma^2 \leqslant \sigma_0^2$	$\chi^2 = \dfrac{(n-1)S^2}{\sigma_0^2}$	$\chi^2(n-1)$	$\sigma^2 > \sigma_0^2$	$\chi^2 > \chi_\alpha^2(n-1)$
	$\sigma^2 \leqslant \sigma_0^2$			$\sigma^2 < \sigma_0^2$	$\chi^2 > \chi_{1-\alpha}^2(n-1)$
	$\sigma^2 = \sigma_0^2$			$\sigma^2 \neq \sigma_0^2$	$\chi^2 > \chi_{\frac{\alpha}{2}}^2(n-1)$ 或 $\chi^2 < \chi_{1-\frac{\alpha}{2}}^2(n-1)$

双正态总体均值差、方差比的假设检验（显著性水平 α）

原假设 H_0		检验统计量	H_0为真时统计量的分布	备择假设 H_1	拒绝域
σ_1^2, σ_2^2 已知	$\mu_1 \leqslant \mu_2$	$U = \dfrac{\overline{X}-\overline{Y}}{\sqrt{\dfrac{\sigma_1^2}{n_1}+\dfrac{\sigma_2^2}{n_2}}}$	$N(0,1)$	$\mu_1 > \mu_2$	$U > u_\alpha$
	$\mu_1 \geqslant \mu_2$			$\mu_1 < \mu_2$	$U < -u_\alpha$
	$\mu_1 = \mu_2$			$\mu_1 \neq \mu_2$	$\lvert U \rvert > u_{\frac{\alpha}{2}}$
$\sigma_1^2 = \sigma_2^2$ 未知	$\mu_1 \leqslant \mu_2$	$T = \dfrac{\overline{X}-\overline{Y}}{S_w\sqrt{\dfrac{1}{n_1}+\dfrac{1}{n_2}}}$	$t(n_1+n_2-2)$	$\mu_1 > \mu_2$	$t > t_\alpha(n_1+n_2-2)$
	$\mu_1 \geqslant \mu_2$			$\mu_1 < \mu_2$	$t < -t_\alpha(n_1+n_2-2)$
	$\mu_1 = \mu_2$			$\mu_1 \neq \mu_2$	$\lvert t \rvert > t_{\frac{\alpha}{2}}(n_1+n_2-2)$
μ_1, μ_2 已知	$\sigma_1^2 \leqslant \sigma_2^2$	$F = \dfrac{\sum\limits_{i=1}^{n_1}(X_i-\mu_1)^2/n_1}{\sum\limits_{i=1}^{n_2}(Y_i-\mu_2)^2/n_2}$	$F(n_1,n_2)$	$\sigma_1^2 > \sigma_2^2$	$F > F_\alpha(n_1,n_2)$
	$\sigma_1^2 \geqslant \sigma_2^2$			$\sigma_1^2 < \sigma_2^2$	$F < F_{1-\alpha}(n_1,n_2)$
	$\sigma_1^2 = \sigma_2^2$			$\sigma_1^2 \neq \sigma_2^2$	$F > F_{\frac{\alpha}{2}}(n_1,n_2)$ 或 $F < F_{1-\frac{\alpha}{2}}(n_1,n_2)$
μ_1, μ_2 未知	$\sigma_1^2 \leqslant \sigma_2^2$	$F = \dfrac{S_1^2}{S_2^2}$	$F(n_1-1,n_2-1)$	$\sigma_1^2 > \sigma_2^2$	$F > F_\alpha(n_1-1,n_2-1)$
	$\sigma_1^2 \geqslant \sigma_2^2$			$\sigma_1^2 < \sigma_2^2$	$F < F_{1-\alpha}(n_1-1,n_2-1)$
	$\sigma_1^2 = \sigma_2^2$			$\sigma_1^2 \neq \sigma_2^2$	$F > F_{\frac{\alpha}{2}}(n_1-1,n_2-1)$ 或 $F < F_{1-\frac{\alpha}{2}}(n_1-1,n_2-1)$

8.2 基本要求

1）掌握假设检验的基本概念和思想，掌握单个正态总体均值和方差的假设检验方法。

2）了解两个正态总体的均值差和方差比的假设检验，成对数据的检验，分布拟合检验。

8.3 典型例题分析

例1 设总体 $X \sim N(\mu, \sigma^2)$，σ^2 未知，$x_1, x_2, \cdots, x_n$ 为来自 X 的样本观测值，现对 μ 进行假设检验。若在显著性水平 $\alpha = 0.05$ 下拒绝了 $H_0: \mu = \mu_0$，则当显著性水平改为 $\alpha = 0.01$ 时，下列结论正确的是（　　）

（A）必须拒绝 H_0 　　　　　　　　（B）必须接受 H_0

(C)第一类错误的概率增大 　　(D)可能接受 H_0,也可能拒绝 H_0

解:此题属于均值 t 检验,拒绝域为 $|t|=\left|\dfrac{\overline{x}-\mu_0}{s/\sqrt{n}}\right|>t_{\frac{\alpha}{2}}(n-1)$,对于给定的样本观测值,记统计量的观测值为 t_1,由题知在 $\alpha=0.05$ 下拒绝了 H_0,即 $|t_1|>t_{0.025}(n-1)$。当 $\alpha=0.01$ 时,由分位数的定义知 $t_{0.025}(n-1)<t_{0.005}(n-1)$,此时 $|t_1|$ 可能小于 $t_{0.005}(n-1)$,也可能大于 $t_{0.005}(n-1)$,因此有可能接受 H_0,也可能拒绝 H_0。应选 D。

例2 某药厂广告上声称该药品对某种疾病的治愈率为 90%,一家医院对该种药品临床使用 120 例,治愈 85 人,问该药品广告是否真实?(取 $\alpha=0.02$)

解:设该药品对某种疾病的治愈率为 p,并设随机变量 X 取 1 表示病人使用该药治愈,取 0 表示未治愈,显然 X 服从"0-1"分布,按题意,所要检验的假设为

$$H_0:p\geqslant 0.9 \quad H_1:p<0.9。$$

样本记为 $X_1,X_2,\cdots,X_{120}$。因为 $n=120$ 足够大,由列维中心极限定理可知 $\sum\limits_{i=1}^{120}X_i$ 近似服从正态分布 $N(120p,120pq)$,从而 $\overline{X}=\dfrac{1}{120}\sum\limits_{i=1}^{120}X_i$ 近似服从 $N\left(p,\dfrac{pq}{120}\right)$,进而可得 $U=\dfrac{\overline{X}-p}{\sqrt{pq/120}}$ 近似服从标准正态分布 $N(0,1)$,所以可用 U 检验法做近似检验。现所给样本观测值 $x_1,x_2,\cdots,x_n$ 中,有 85 个取 1,35 个取 0,则有

$$\overline{x}=\frac{1}{120}\sum_{i=1}^{120}x_i=0.71$$

又 $p_0=0.9$,于是算得统计量的观测值为

$$u=\frac{0.71-0.9}{\sqrt{0.9\times 0.1/120}}=-6.94$$

因为 $u=-6.94<-u_{0.02}=-0.842$,即 u 的值落在拒绝域内,拒绝 H_0,即该药品广告在 $\alpha=0.02$ 下不真实。

例3 讨论假设检验与区间估计的联系。

分析:假设检验与区间估计提法虽有不同,联系却是密切的,解决问题的途径、结果是相通的。

例如总体 $X\sim N(\mu,\sigma^2)$,$X_1,X_2,\cdots,X_n$ 是来自总体的一组样本,当方差 σ^2 已知时,考虑均值 μ 的假设检验与区间估计。

(1)求置信度为 $1-\alpha$,正态总体均值 μ 的假设检验

考虑统计量 $U=\dfrac{\overline{X}-\mu}{\sigma/\sqrt{n}}\sim N(0,1)$,按置信度 $1-\alpha$ 确定大概率事件 $\left\{\left|\dfrac{\overline{X}-\mu}{\sigma/\sqrt{n}}\right|\leqslant u_{\frac{\alpha}{2}}\right\}$,使

$$P\left\{\left|\frac{\overline{X}-\mu}{\sigma/\sqrt{n}}\right|\leqslant u_{\frac{\alpha}{2}}\right\}=1-\alpha$$

解出 μ,可得置信度为 $1-\alpha$ 的置信区间

$$\left[\overline{X}-\frac{\sigma}{\sqrt{n}}u_{\frac{\alpha}{2}},\overline{X}+\frac{\sigma}{\sqrt{n}}u_{\frac{\alpha}{2}}\right]$$

(2)对假设 $H_0:\mu=\mu_0$,$H_1:\mu\neq\mu_0$ 进行检验。

考虑(1)中相同的随机变量,不同处在于,在 H_0 成立条件下,对显著性水平 α 确定一个小概率事件 $\left\{\left|\dfrac{\overline{X}-\mu}{\sigma/\sqrt{n}}\right|>u_{\frac{\alpha}{2}}\right\}$,使

$$P\left\{\left|\frac{\overline{X}-\mu}{\sigma/\sqrt{n}}\right|>u_{\frac{\alpha}{2}}\right\}=\alpha$$

可得 H_0 的拒绝域为 $(-\infty,-u_{\frac{\alpha}{2}})\bigcup(u_{\frac{\alpha}{2}},+\infty)$,从而接受域为 $[-u_{\frac{\alpha}{2}},u_{\frac{\alpha}{2}}]$,即

$$-u_{\frac{\alpha}{2}}\leqslant\frac{\overline{X}-\mu}{\sigma/\sqrt{n}}\leqslant u_{\frac{\alpha}{2}}$$

解出 μ 有

$$\overline{X}-\frac{\sigma}{\sqrt{n}}u_{\frac{\alpha}{2}}\leqslant\mu\leqslant\overline{X}+\frac{\sigma}{\sqrt{n}}u_{\frac{\alpha}{2}}$$

上式与(1)中所得 μ 的置信区间是一致的,可见能用 μ 的置信区间来检验

$$H_0:\mu=\mu_0,H_1:\mu\neq\mu_0$$

总之,正态总体参数的区间估计与其参数的假设检验是对应的,置信度为 $1-\alpha$ 的置信区间对应一个显著水平为 α 的检验法。

第8章　假设检验　作业

1.在假设检验中,显著性水平 α 是(　　　)
   (A)犯第一类错误的概率　　　　　(B)犯第一类错误的概率的上限
   (C)犯第二类错误的概率　　　　　(D)犯第二类错误的概率的上限

2.设某产品的指标服从正态分布,它的标准差 $\sigma=150$,由一个样本容量为 26 的样本计算得平均值为 1637。问在显著性水平 $\alpha=0.05$ 下能否认为这批产品的指标的期望值 μ 为 1600?

3.某批矿砂的 5 个样品中的镍含量(%),经测定为:3.25,3.27,3.24,3.26,3.24.设测定值总体服从正态分布,但参数均未知。问在 $\alpha=0.01$ 下能否接受假设:这批矿砂的镍含量的均值为 3.25。

4. 某种导线要求其电阻的标准差不超过 0.005Ω，今在生产的一批导线中取 9 根，测得 $S=0.007\Omega$，设总体为正态分布，问在显著性水平 $\alpha=0.05$ 下，能否认为这批导线的标准差仍为 0.005Ω？

5. 在平炉进行一项试验以确定改变方法是否会增加钢的得率，试验是在同一平炉上进行的。每炼一炉钢除操作方法外，其他条件都相同。用标准方法和新方法各炼 10 炉钢，测得其得率分别为

标准方法	78.1	72.4	76.2	74.3	77.4	78.4	76.0	75.5	76.7	77.3
新方法	79.1	81.0	77.3	79.1	80.0	79.1	79.1	77.3	80.2	82.1

设这两个样本相互独立，且分别来自正态总体 $X \sim N(\mu_1, \sigma^2)$ 和 $Y \sim N(\mu_2, \sigma^2)$，$\mu_1$，$\mu_2$，$\sigma^2$ 均未知。试问新方法能否提高钢的得率？$\alpha=0.05$。

第9章 回归分析

9.1 基本知识点

1.回归分析的数学模型为

$$\begin{cases} Y = f(x) + \varepsilon \\ \varepsilon \sim N(0, \sigma^2) \end{cases}$$

$EY = f(x)$ 称为 Y 关于 x 的理论回归方程,特别地,一元线性回归模型为

$$\begin{cases} Y = a + bx + \varepsilon \\ \varepsilon \sim N(0, \sigma^2) \end{cases}$$

其中 a, b 称为回归系数。

2.回归系数 a,b 的估计

对于一元线性回归模型,由测得的 n 对观测数据$(x_1, y_1), (x_2, y_2), \cdots, (x_n, y_n)$,可得 a, b 的估计为

$$\begin{cases} \hat{a} = \bar{y} - \hat{b}\,\bar{x} \\ \hat{b} = \dfrac{l_{xy}}{l_{xx}} \end{cases}$$

其中,$\bar{x} = \dfrac{1}{n}\sum\limits_{i=1}^{n} x_i$,$\bar{y} = \dfrac{1}{n}\sum\limits_{i=1}^{n} y_i$,$l_{xx} = \sum\limits_{i=1}^{n}(x_i - \bar{x})^2 = \sum\limits_{i=1}^{n} x_i^2 - n\bar{x}^2$,

$l_{xy} = \sum\limits_{i=1}^{n}(x_i - \bar{x})(y_i - \bar{y}) = \sum\limits_{i=1}^{n} x_i y_i - n\bar{x}\,\bar{y}$。

3.随机误差 ε 的方差 σ^2 的估计

随机误差 ε 的方差 σ^2 的估计为

$$\hat{\sigma}^2 = \frac{S_{\text{残}}}{n-2} = \frac{1}{n-2}(l_{yy} - \hat{b}l_{xy})$$

其中,$l_{yy} = \sum\limits_{i=1}^{n}(y_i - \bar{y})^2 = \sum\limits_{i=1}^{n} y_i^2 - n\bar{y}^2$。

4.回归方程的显著性检验

对经验回归方程 $\hat{y} = \hat{a} + \hat{b}x$,做出假设

$$H_0 : b = 0$$

选择的检验统计量为

$$F = \frac{S_{\text{回}}}{S_{\text{残}}/(n-2)}$$

其中 $S_{\text{残}} = \sum\limits_{i=1}^{n}(y_i - \hat{y}_i)^2 = l_{yy} - \hat{b}l_{xy}$,$S_{\text{回}} = S_{\text{总}} - S_{\text{残}}$,$S_{\text{总}} = \sum\limits_{i=1}^{n}(y_i - \bar{y})^2 = l_{yy}$。对于给定的

显著性水平 α，该假设的拒绝域为

$$F > F_\alpha(1, n-2)$$

5. 预测

在 $x = x'$ 时 Y 的预测值为 $\hat{y}2' = \hat{a} + \hat{b}x'$。

在 $x = x'$ 时 Y 的置信度为 $1 - \alpha$ 的置信区间为

$$\left[\hat{y}' - t_{\frac{\alpha}{2}}(n-2)\sqrt{\frac{S_{残}}{n-2}}\sqrt{1 + \frac{1}{n} + \frac{(x'-\overline{x})^2}{l_{xx}}}, \hat{y}' + t_{\frac{\alpha}{2}}(n-2)\sqrt{\frac{S_{残}}{n-2}}\sqrt{1 + \frac{1}{n} + \frac{(x'-\overline{x})^2}{l_{xx}}} \right]$$

6. 控制

设经验回归方程 $\hat{y} = \hat{a} + \hat{b}x$ 通过了显著性检验，若要将随机变量 Y 的取值控制在区间 $[y_1, y_2]$ 中，对于给定的置信度 $1 - \alpha$，x 的控制区间由下面的方程组确定

$$\begin{cases} y_1 = \hat{a} + \hat{b}x_1 - t_{\frac{\alpha}{2}}(n-2)\sqrt{\frac{S_{残}}{n-2}}\sqrt{1 + \frac{1}{n} + \frac{(x_1-\overline{x})^2}{l_{xx}}} \\ y_2 = \hat{a} + \hat{b}x_2 + t_{\frac{\alpha}{2}}(n-2)\sqrt{\frac{S_{残}}{n-2}}\sqrt{1 + \frac{1}{n} + \frac{(x_2-\overline{x})^2}{l_{xx}}} \end{cases}$$

解出 x_1 与 x_2。当 $\hat{b} > 0$ 时，x 的控制区间为 $[x_1, x_2]$；当 $\hat{b} < 0$ 时，x 的控制区间为 $[x_2, x_1]$。

9.2 基本要求

1) 理解回归分析的基本概念和思想。

2) 掌握一元线性回归方程回归系数的估计以及随机误差方差的估计；掌握线性回归方程的显著性检验，会利用线性回归方程进行预测和控制。

第9章　回归分析　作业

1.针对回归分析的数学模型：

$$\begin{cases} Y = f(x) + \varepsilon \\ \varepsilon \sim N(0, \sigma^2) \end{cases}$$

试回答：(1)模型中随机误差 ε 的意义是什么？(2)阐述理论回归方程 $EY = f(x)$ 的作用与含义。

2.为研究某一化学反应过程中,温度 $x(\text{℃})$ 对产品得率 $Y(\%)$ 的影响,测得数据如下

温度 $x_i/\text{℃}$	100	110	120	130	140	150	160	170	180	190
得率 $y_i(\%)$	45	51	54	61	66	70	74	78	85	89

求：(1)变量 Y 关于变量 x 的线性回归方程；(2)对误差方差进行估计；(3)在显著性水平 $\alpha = 0.05$ 下检验所得回归方程是否显著？(4)回归函数在 $x = 125$ 时 Y 的置信度为 0.99 的置信区间。

3. 为考察某种维尼纶纤维的耐水性,测得其甲醇浓度 x 及相应的"缩醇化度"Y 的数据如下

x_i	18	20	22	24	26	28	30
y_i	26.86	28.35	28.75	28.87	29.75	30.00	30.36

求:(1)"缩醇化度"Y 关于甲醇浓度 x 的线性回归方程;(2)对误差方差进行估计;(3)在显著性水平 $\alpha=0.01$ 下,检验所得回归方程是否显著。(4)回归函数在 $x=25$ 时,Y 的置信度为 0.99 的置信区间;(5)如果要求将"缩醇化度"控制在 25～35,甲醇浓度需要控制在什么范围?(取显著性水平 $\alpha=0.01$)

模拟试题一

一、是非题(对的打 √ 错的打 ×)

1. 若事件 A 与 B 相互独立,则有 $P(A \cup B) = P(A) + P(B)$。 ( )
2. 设 (X, Y) 服从二维正态分布,则 $X + Y$ 服从一维正态分布。 ( )
3. 若 $E(X^2) = 0$,则必有 $P(X = 0) = 1$。 ( )
4. 若随机变量 X 与 Y 的方差都存在,则 X 与 Y 的协方差 $\text{Cov}(X, Y)$ 一定存在。 ( )
5. 连续型随机变量的概率密度函数为连续函数。 ( )

二、选择题

1. 下列各函数中可以作为某个随机变量的分布函数的是 ( )

   (A) $F(x) = \dfrac{1}{1+x^2}$ 　　　　　　　　　(B) $F(x) = \sin x$

   (C) $F(x) = \begin{cases} \dfrac{1}{1+x^2} & x \leqslant 0 \\ 1 & x > 0 \end{cases}$ 　　　(D) $F(x) = \begin{cases} 0 & x < 0 \\ 1.2 & x = 0 \\ 1 & x > 0 \end{cases}$

2. 设 $X \sim N(\mu_1, \sigma_1^2)$,$Y \sim N(\mu_2, \sigma_2^2)$ 且 $P(|X - \mu_1| < 1) > P(|Y - \mu_2| < 1)$,则 ( )

   (A) $\sigma_1 < \sigma_2$ 　　(B) $\sigma_1 > \sigma_2$ 　　(C) $\mu_1 < \mu_2$ 　　(D) $\mu_1 > \mu_2$

3. 已知 $X \sim e(\dfrac{1}{2})$,且 $Y = 2X - 1$,利用切比雪夫不等式估计 $P(-2 < Y < 8)$ ( )

   (A) $\leqslant \dfrac{9}{25}$ 　　(B) $\geqslant \dfrac{9}{25}$ 　　(C) $\leqslant \dfrac{16}{25}$ 　　(D) $\geqslant \dfrac{16}{25}$

4. 设 $X_1, X_2, \cdots, X_n$ 为来自总体 $N(0, 1)$ 的简单随机样本,$\overline{X}$ 和 S^2 分别为样本均值和样本方差,则 ( )

   (A) $\dfrac{\overline{X}}{S} \sqrt{n} \sim t(n-1)$ 　　　　　(B) $\sum\limits_{i=1}^{n} X_i^2 \sim \chi^2(n-1)$

   (C) $\overline{X} \sim N(0, 1)$ 　　　　　　　　(D) $n\overline{X} \sim N(0, 1)$

5. 设总体 $X \sim N(\mu, \sigma^2)$,且已知 $\sigma = 2$,则由它的一个容量为 25 的样本,测得样本均值 $\overline{x} = 10$,以 0.05 的显著性水平进行假设检验,则以下假设中将被拒绝的一个是 ( )($u_{0.025} = 1.96$)

   (A) $H_0: \mu = 9$ 　　(B) $H_0: \mu = 9.5$ 　　(C) $H_0: \mu = 10$ 　　(D) $H_0: \mu = 10.5$

三、填空题

1. 进行重复独立试验,每次试验中事件 A 发生的概率为 p。试验进行直到 A 发生 r 次为止,设 X 表示试验进行的总次数,则 $P(X=n)=$ _____ $(n \geqslant r, r \geqslant 1)$。

2. 若离散型随机变量 X 的分布律为:$P(X=k)=3a\left(\dfrac{1}{2}\right)^k (k=1,2,\cdots,n)$,则常数 $a=$ _____。

3. 已知 $EX=EY=0$,$E(X^2)=E(Y^2)=2$,且 $R(X,Y)=0.5$,则 $E(XY)=$ _____。

4. 已知二维随机变量 (X,Y) 的联合概率密度为 $f(x,y)=\begin{cases} 4xy & 0<x<1, 0<y<1 \\ 0 & \text{其他} \end{cases}$,则 $P(X+Y \leqslant 1)=$ _____; X 的边缘概率密度在 $0<x<1$ 时表达式为 $f_X(x)=$ _____。

5. 设总体 $X \sim N(\mu, \sigma^2)$,抽样得到样本容量为 16 的简单随机样本,且样本标准差为 s,则在 σ 未知的情况下 μ 的置信度为 0.95 的置信区间的长度为 _____。
   $(t_{0.025}(15)=2.13, t_{0.025}(16)=2.12, t_{0.05}(15)=1.753, t_{0.05}(16)=1.746)$

四、计算题

1. 已知 X 的概率分布为 $P(X=k)=\dfrac{1}{3}(k=1,2,3)$,且当 $X=k$ 时,$Y \sim U(0,k)$,求:(1)$P(Y \leqslant 2.5)$;(2)$P(X=2 \mid Y \leqslant 2.5)$。

2.已知连续型随机变量 X 的分布函数为 $F(x)=\begin{cases} A-e^{-2x} & x>0 \\ B & x\leqslant 0 \end{cases}$,求:(1)常数 A,B;(2)概率 $P(-2<X<1)$;(3)X 的方差 DX;(4)$Y=2X$ 的概率密度 $f_Y(y)$。

3.设二维离散型随机变量 (X,Y) 的概率分布表见下表,且 $P(X+Y=2)=0.3$,求:(1)常数 α,β;(2)在 $X=1$ 的条件下 Y 的条件概率分布;(3)$Z=\max(X,Y)$ 的分布;(4)问 X 与 Y 是否相互独立,为什么?

X＼Y	0	1	2
0	0.1	0.2	0.1
1	0.2	α	β

4. 设总体 X 的概率密度为 $f(x) = \begin{cases} \lambda^2 x e^{-\lambda x} & x > 0 \\ 0 & \text{其他} \end{cases}$，其中参数 $\lambda(\lambda > 0)$ 未知，x_1，x_2，$\cdots$，x_n 是来自总体 X 的简单随机样本。求(1)：参数 λ 的矩估计值；(2)e^{λ} 的最大似然估计值。

5. 为了估计总体 X 的方差，从总体 X 中抽取样本 X_1，X_2，$\cdots$，X_n，统计量

$$\widehat{\sigma^2} = k \sum_{i=1}^{n-1} (X_{i+1} - X_i)^2$$

求常数 k 的值，使 $\widehat{\sigma^2}$ 是总体方差 σ^2 的无偏估计量。

模拟试题二

一、是非题(对的打√错的打×)

1. 若 A,B 为随机事件,则必有 $P(AB)=1-P(\overline{A}\,\overline{B})$。 （　　）

2. 设二维随机变量 (X,Y) 的分布函数为 $F(x,y)$,则 $F(1,2)=1-P(X>1,Y>2)$。 （　　）

3. 已知 $\mathrm{Cov}(X,Y)=0$,则必有 $E(XY)=EX\cdot EY$。 （　　）

4. 简单随机样本 X_1,X_2,X_3 来自总体 $N(0,\sigma^2)$,则 $\frac{1}{3}\sum_{i=1}^{3}X_i^2$ 是 σ^2 的无偏估计量。 （　　）

5. 设事件 A,B 相互独立,且 $P(A)=0.1,P(B)=0.2$,则 A,B 不可能互不相容。 （　　）

二、选择题

1. 如图所示,构成系统的四个电子元件的可靠性都为 p,并且各个元件能否正常工作是相互独立的,则系统的可靠性为 （　　）
   (A)p^4 (B)$p^2(2-p)^2$
   (C)p^3-2p^4 (D)$2p^3-p^4$

2. 设随机变量 X 的概率密度为 $f(x)$,且 $f(-x)=f(x)$,$F(x)$ 是 X 的分布函数,则对任意实数 a,有 （　　）
   (A)$F(-a)=1-\int_0^a f(x)\mathrm{d}x$ (B)$F(-a)=\frac{1}{2}-\int_0^a f(x)\mathrm{d}x$
   (C)$F(-a)=F(a)$ (D)$F(-a)=2F(a)-1$

3. 已知随机变量 $X\sim B(n,p)$,且 $EX=2.4,DX=1.44$,则参数 n 与 p 的值为 （　　）
   (A)$n=4,p=0.6$ (B)$n=6,p=0.4$
   (C)$n=8,p=0.3$ (D)$n=24,p=0.1$

4. 已知 $X\sim t(k)$,对于给定的 $\alpha\in(0,1)$,数 $t_\alpha(k)$ 满足 $P\{X>t_\alpha(k)\}=\alpha$,若 $P(|X|>b)=\alpha$,则 b 等于 （　　）
   (A)$t_{\frac{\alpha}{2}}(k)$ (B)$t_{1-\frac{\alpha}{2}}(k)$ (C)$t_{\frac{1-\alpha}{2}}(k)$ (D)$t_\alpha(k)$

5. 已知 X_1,X_2,X_3,X_4 相互独立,且都服从分布 $N(0,1)$,则 $Z=\dfrac{X_1^2+X_4^2}{X_2^2+X_3^2}\sim$ （　　）
   (A)$\chi^2(4)$ (B)$t(2)$ (C)$F(1,2)$ (D)$F(2,2)$

— 73 —

三、填空题

1. 已知 $P(A \cup B) = 0.8, P(B) = 0.4$，则 $P(A \mid \overline{B}) = $ _____。

2. 已知随机变量 $X \sim N(1, 2^2), Y = 2X + 1$ 且，则 $P(Y < 3) = $ _____，$R(X, Y) = $ _____。

3. 已知 $DX = 25, DY = 36$，且 X 与 Y 的相关系数 $R(X, Y) = 0.4$，则 $D(X - Y) = $ _____。

4. 设随机变量 X_1, X_2, X_3 相互独立，且 $X_1 \sim U(0, 2), X_2 \sim N(0, 2^2), X_3 \sim e(0.5)$，若随机变量 $Z = 2X_1 + X_2 - X_3$，则 $EZ = $ _____，$DZ = $ _____。

5. 设两个相互独立的随机变量 X 与 Y 具有相同的概率分布，且 X 的概率分布表见下表，则随机变量 $Z = \max(X, Y)$ 的概率分布表为 _____。

X	0	1
$p(x_i)$	0.5	0.5

四、计算题

1. 设 $X \sim U(1, 3)$，对 X 进行 3 次独立观测，求至少两次观测值大于 2 的概率。

2.已知随机变量 X 的概率密度为 $f(x) = \begin{cases} ax+b & 0<x<1 \\ 0 & 其他 \end{cases}$,且 $EX = \dfrac{2}{3}$,求:(1)

常数 a,b;(2)$P(|X|<0.5)$;(3)X 的分布函数;(4)$Y=3X$ 的概率密度。

3.已知随机变量 X 在 $1,2$ 两个整数中等可能地取值,另一随机变量 Y 在 $1\sim X$ 中
等可能地取整数值,求:(1)(X,Y) 的联合概率分布表;(2)X 的边缘分布;
(3)$\mathrm{Cov}(X,Y)$;(4)判断 X 与 Y 是否相互独立。

4.已知总体 X 的概率分布表为

X	1	2	3
p	θ	$1-2\theta$	θ

$\theta>0$ 未知,取得样本观测值为 $x_1=1,x_2=2,x_3=1,x_4=3,x_5=2$,求 θ 的矩估计值和极大似然估计值。

5.正常人的脉搏平均为 72 次/分,现某医生测得 10 例慢性四乙基铅中毒者的脉搏(次/分)如下:54,67,68,78,70,66,67,70,65,69。设患者的脉搏服从正态分布,问患者和正常人的脉搏有无显著性差异(取 $\alpha=0.05$)?($t_{0.025}(9)=2.26$, $t_{0.025}(10)=2.23$,精确到小数位后四位)

模拟试题三

一、是非题(对的打√ 错的打×)

1. 事件 A,B,C 相互独立的充分必要条件是事件 A,B,C 两两相互独立。　　（　　）

2. 设随机变量 $X \sim N(\mu,\sigma^2)$，则随着 σ 的增大，概率 $P(|X-\mu|<\sigma)$ 单调增大。

　　（　　）

3. 若事件 A 满足 $P(A)=1$，则 A 为必然事件。　　（　　）

4. 若随机变量 X 与 Y 不相关，则 X 与 Y 相互独立。　　（　　）

5. 设 $DX=16,DY=9,R(X,Y)=0.5$，则 $D(X-Y)=20$。　　（　　）

二、选择题

1. 设 A,B,C 为三个随机事件，则 A,B,C 三事件不都发生可以表示为　　（　　）

   (A)ABC　　　　(B)$\overline{ABC}$　　　　(C)$1-ABC$　　　　(D)$\overline{A}\ \overline{B}\ \overline{C}$

2. 设随机变量 X 的分布函数为 $F(x)$，则随机变量 $Y=\dfrac{X+1}{2}$ 的分布函数 $G(y)$ 是

   　　（　　）

   (A)$G(y)=2F(y)+1$　　　　　　　(B)$G(y)=F(2y+1)$

   (C)$G(y)=2F(y)-1$　　　　　　　(D)$G(y)=F(2y-1)$

3. 设随机变量 X 和 Y 相互独立，且都服从 $[0,1]$ 区间上的均匀分布，则服从相应区间或区域上的均匀分布的随机变量是　　（　　）

   (A)X^2　　　　(B)$X+Y$　　　　(C)$X-Y$　　　　(D)(X,Y)

4. 将一根长度为 a 的木棒任意折成两段，其长度分别为 X,Y，则 $R(X,Y)=$

   　　（　　）

   (A)-1　　　　(B)0　　　　(C)0.5　　　　(D)1

5. X_1,X_2,X_3 为总体 X 的一组样本，则在下面统计量中（　　）是总体均值 μ 的最有效无偏估计量：

   (A)$\hat{\mu}_1=\dfrac{1}{2}X_1+\dfrac{1}{3}X_2+\dfrac{1}{6}X_3$　　　　　(B)$\hat{\mu}_2=\dfrac{1}{2}X_1+\dfrac{1}{4}X_2+\dfrac{1}{6}X_3$

   (C)$\hat{\mu}_3=\dfrac{1}{3}X_1+\dfrac{1}{3}X_2+\dfrac{1}{3}X_3$　　　　　(D)$\hat{\mu}_4=\dfrac{1}{2}X_1+\dfrac{1}{3}X_2+\dfrac{1}{5}X_3$

三、填空题

1. 两台机器生产零件，第一台生产了 a 件，其次品率为 6%，第二台生产了 $2a$ 件，其次品率为 3%，则从这批零件中任取一件是次品的概率为_____。

2. 随机变量 $X \sim B(2, p)$，且 $Y \sim B(3, p)$，若 $P(X \geqslant 1) = \dfrac{5}{9}$，则 $P(Y \geqslant 1) =$ _____。

3. 设 $X \sim N(0, 1)$，且 $Y = e^x$，则 Y 在区间 $(0, +\infty)$ 上的概率密度函数表达式为__ _____。

4. 已知球的半径在区间 $[0, 2]$ 上服从均匀分布，则球的体积 V 的数学期望 $EV =$ _____。

5. 已知总体 X 的期望与方差分别为 $EX = \mu, DX = \sigma^2 (\mu, \sigma^2$ 未知)，如果取得样本观测值为 $x_1, x_2, \cdots, x_n$，则 μ 的矩估计值为 _____；σ^2 的矩估计值为 _____。

四、计算题

1. 在区间 $(0, 1)$ 中随机地取两个数，求这两个数之差的绝对值小于 $\dfrac{1}{2}$ 的概率。

2. 袋中装有 1,2,3,4 号球,从中任取两球,观察取球号码,求取球号码的最大值的概率分布表,并求其分布函数。

3. 已知随机变量 X 和 Y 的概率分布表分别为

X	-1	0	1
$p(x_i)$	0.25	0.5	0.25

Y	0	1
$p(y_i)$	0.5	0.5

且已知 $P(XY=0)=1$,求:(1)二维随机变量(X,Y)的联合概率分布表;(2)$Z=\max(X,Y)$的概率分布表;(3)$\mathrm{Cov}(X,Y)$;(4)X,Y 是否独立,为什么?

4. 设总体 X 的概率密度为 $f(x,\theta)=\begin{cases}\theta & 0<x<1 \\ 1-\theta & 1\leqslant x<2 \\ 0 & \text{其他}\end{cases}$,其中 θ 是未知参数($0<\theta<$

1)。$x_1,x_2,\cdots,x_n$ 为来自总体 X 的简单随机样本,记 N 为样本值 $x_1,x_2,\cdots,x_n$ 中小于 1 的个数。求 θ 的最大似然估计值。

5. 某工厂生产的滚珠直径服从正态分布,从某日产品中随机抽取 9 个,测得直径 (mm) 为

14.6, 14.7, 14.8, 14.8, 14.9, 15.0, 15.1, 15.1, 15.2,

标准差 σ 未知,求该日产品的直径均值 μ 的置信度为 0.95 的置信区间(精确到小数位后四位,$t_{0.025}(8)=2.31$,$t_{0.025}(9)=2.26$)